高等学校土木工程本科
指导性专业规范

高等学校土木工程学科专业指导委员会　编制

中国建筑工业出版社

图书在版编目(CIP)数据

高等学校土木工程本科指导性专业规范/高等学校土木工程学科专业指导委员会编制. —北京：中国建筑工业出版社，2011.10
ISBN 978-7-112-13605-6

Ⅰ.①高… Ⅱ.①高… Ⅲ.①高等学校—土木工程—教学研究—中国 Ⅳ.①TU-40

中国版本图书馆 CIP 数据核字（2011）第 193788 号

责任编辑：王　跃　吉万旺
责任设计：赵明霞
责任校对：刘梦然　王雪竹

高等学校土木工程本科指导性专业规范
高等学校土木工程学科专业指导委员会　编制

*

中国建筑工业出版社出版、发行(北京西郊百万庄)
各地新华书店、建筑书店经销
北京天成排版公司制版
廊坊市海涛印刷有限公司印刷

*

开本：787×1092 毫米　1/16　印张：5¾　字数：137 千字
2011 年 10 月第一版　2017 年 11 月第六次印刷
定价：**21.00** 元
ISBN 978-7-112-13605-6
(21081)

关于同意颁布《高等学校土木工程本科指导性专业规范》的通知

高等学校土木工程学科专业指导委员会：

根据我部和教育部的有关要求，由你委组织编制的《高等学校土木工程本科指导性专业规范》，已于2011年6月通过了住房城乡建设部人事司、高等学校土建学科教学指导委员会组织的专家评审，现同意颁布。请指导有关高等学校认真实施。

中华人民共和国住房和城乡建设部人事司

住房和城乡建设部高等学校土建学科教学指导委员会

二〇一一年九月七日

前　言

全国高等学校土木工程学科专业指导委员会按照教育部高教司及住房和城乡建设部人事司的有关要求，在2007年年初启动了《高等学校土木工程本科指导性专业规范》的研制工作。专业指导委员会首先组织委员和专家对“土木工程专业办学状况及社会对专业人才需求”进行了详尽的调研，并对“应用型土木工程专业标准”和“高等教育土木工程专业不同类型专业人才培养目标”进行了专项研究，以此研究工作为基础，专业指导委员会选派何若全等组建专业规范编制研究小组。专业规范的草本经过十几轮研讨和征求意见，由土木工程学科专业指导委员会审定，并经住房和城乡建设部人事司、高等学校土建学科数学指导委员会组织的专家评审通过。

工科指导性专业规范是国家教学质量标准的一种表现形式，是国家对本科教学质量的最低要求；专业规范主要规定本科学生应该学习的基本理论以及掌握的基本技能，是本科专业教学内容应该达到的基本要求。不同的学校可以在这个最低要求基础上增加本校的要求，制订自己的专业培养方案，体现本校的办学定位和办学特色。

专业规范把专业知识划分为核心和选修两类。核心知识是土木工程专业必备的内容，学生必须掌握、或熟悉、或了解。专业规范所提出核心知识按照最低标准的要求设定，容量也做到了最小，其目的是为了避免在知识体系上出现“千校一面”的状况，为鼓励学校办出专业特色留有足够的空间。专业规范还提出了建筑工程、道路与桥梁工程、地下工程和铁道工程四个建议的选修方向知识单元，这些知识单元在本方向内应该是自成体系的。专业规范允许高校在长期的教学实践中构建其他的专业方向，或者对上述四个专业方向进行整合（比如，道路工程方向、桥梁工程方向、交通土建方向、矿井建设方向等）。在核心和选修知识之外，还有剩余的课堂学时，可以用于基础课程、人文社科课程或者专业课程等的扩充，专业规范不作规定，由各校自行安排。

专业规范把实践性教学放在了比以往更重要的位置。专业规范列出的所有实践环节几乎都是必修内容，有些环节是为了满足专业教学需要而设置的，有些则是按照专业方向不同而区别安排的。专业规范试图表达的内涵是，学校在实践教学中要以工程实际为背景，以工程技术为主线，着力提升学生的工程素养，培养学生的工程实践能力和工程创新能力。专业规范强调，在教学的各个环节中要努力尝试“基于问题、基于项目、基于案例”的研究型学习方式，要把合适的知识单元和实践单元有机结合起来，逐渐构建适合各校实际的创新训练模式，并把其纳入培养方案。

专业指导委员会认为，土木工程本科指导性专业规范是推动教学内容和课程体系改革的切入点，它既吸收了多年来我国土木工程专业教学改革的丰硕成果，又为各高校的教学改革提供了更多机遇。各高校应以此为契机，不断推动教学内容和课程体系的改革，形成专业建设和教学改革的新机制。

本专业规范主要编制人员有：

何若全(苏州科技学院)　李国强(同济大学)　刘　凡(苏州科技学院)　徐宗宁(苏州科技学院)　高晓莹(苏州科技学院)　顾祥林(同济大学)　何敏娟(同济大学)　熊海贝(同济大学)　邹超英(哈尔滨工业大学)　白国良(西安建筑科技大学)　桂国庆(井冈山大学)　李远富(西南交通大学)　张永兴(重庆大学)　周新刚(烟台大学)　宫长义(苏州二建建筑集团有限公司)

课题研制期间，得到了许多高校教师、企业界人士的积极支持，他们提出了许多宝贵的意见和建议。

土木工程本科指导性专业规范所涉及的知识点和技能点很多，内容也很广泛，由于编制时间紧，难免有一些不妥和不足之处，请各校的专业教学管理人员和教师在参考应用过程中，向专业指导委员会提出修改意见，我们不胜感谢！

高等学校土木工程学科专业指导委员会

主任委员　李国强

2011年9月16日

目　录

高等学校土木工程本科
指导性专业规范

一、学科基础

土木工程是建筑、岩土、地下建筑、桥梁、隧道、道路、铁路、矿山建筑、港口等工程的统称，其内涵为用各种建筑材料修建上述工程时的生产活动和相关的工程技术，包括勘测、设计、施工、维修、管理等。

土木工程的主干学科为结构工程学、岩土工程学、流体力学等；重要基础支撑学科有数学、物理学、化学、力学、材料科学、计算机科学与技术等。

土木工程的主要工程对象为建筑工程、道路与桥梁工程、地下建筑与隧道工程、铁道工程等。

二、培养目标

培养适应社会主义现代化建设需要，德智体美全面发展，掌握土木工程学科的基本原理和基本知识，经过工程师基本训练，能胜任房屋建筑、道路、桥梁、隧道等各类工程的技术与管理工作，具有扎实的基础理论、宽广的专业知识，较强的实践能力和创新能力，具有一定的国际视野，能面向未来的高级专门人才。

毕业生能够在有关土木工程的勘察、设计、施工、管理、教育、投资和开发、金融与保险等部门从事技术或管理工作。

三、培养规格

1. 思想品德

具有高尚的道德品质和良好的科学素质、工程素质和人文素养，能体现哲理、情趣、品味等方面的较高修养，具有求真务实的态度以及实干创新的精神，有科学的世界观和正确的人生观，愿为国家富强、民族振兴服务。

2. 知识结构

具有基本的人文社会科学知识，熟悉哲学、政治学、经济学、法学等方面的基本知识，了解文学、艺术等方面的基础知识；掌握工程经济、项目管理的基本理论；掌握一门外国语；具有较扎实的自然科学基础，了解数学、现代物理、信息科学、工程科学、环境科学的基本知识，了解当代科学技术发展的主要趋势和应用前景；掌握力学的基本原理和分析方法，掌握工程材料的基本性能和选用原则，掌握工程测绘的基本原理和方法、工程制图的基本原理和方法，掌握工程结构及构件的受力性能分析和设计计算原理，掌握土木工程施工的一般技术和过程以及组织和管理、技术经济分析的基本方法；掌握结构选型、构造设计的基本知识，掌握工程结构的设计方法、CAD和其他软件应用技术；掌握土木工程现代施工技术、工程检测和试验基本方法，了解本专业的有关法规、规范与规程；了解给水与排水、供热通风与空调、建筑电气等相关知识，了解土木工程机械、交通、环境的一般知识；了解本专业的发展动态和相邻学科的一般知识。

3. 能力结构

具有综合运用各种手段查询资料、获取信息、拓展知识领域、继续学习的能力；具有应用语言、图表和计算机技术等进行工程表达和交流的基本能力；掌握至少一门计算机高级编程语言并能运用其解决一般工程问题；具有计算机、常规工程测试仪器的运用能力；具有综合运用知识进行工程设计、施工和管理的能力；经过一定环节的训练后，具有初步的科学研究或技术研究、应用开发等创新能力。

4. 身心素质

具有健全的心理素质和健康的体魄，能够履行从事土木工程专业的职责和保卫祖国的神圣义务。

有自觉锻炼身体的习惯和良好的卫生习惯，身体健康，有充沛的精力承担专业任务；养成良好的健康和卫生习惯，无不良行为。心理健康，认知过程正常，情绪稳定、乐观，经常保持心情舒畅，处处、事事表现出乐观积极向上的态度，对生活充满热爱、向往、乐趣；积极工作，勤奋学习。意志坚强，能正确面对困难和挫折，有奋发向上的朝气。人格健全，有正常的性格、能力和价值观；人际关系良好，沟通能力较强，团队协作精神好。有较强的应变能力，在自然和社会环境变化中有适应能力，能按照环境的变化调整生活的节奏，使身心能较快适应新环境的需要。

四、教学内容

土木工程专业的教学内容分为专业知识体系、专业实践体系和大学生创新训练三部分，它们通过有序的课堂教学、实践教学和课外活动完成，目的在于利用各个环节培养土木工程专业人才具有符合要求的基本知识、能力和专业素质。

(一) 土木工程专业知识体系

1. 土木工程专业的知识体系由四部分组成

(1) 工具知识体系

(2) 人文社会科学知识体系

(3) 自然科学知识体系

(4) 专业知识体系

每个知识体系所包含的知识领域见附表1-1和附表1-2。

2. 土木工程专业的专业知识体系

(1) 专业知识体系的核心部分分布在六个知识领域内

1) 力学原理和方法

2) 专业技术相关基础

3) 工程项目经济与管理

4) 结构基本原理和方法

5) 施工原理和方法

6) 计算机应用技术

这六个知识领域涵盖了土木工程的所有知识范围，包含的内容十分广泛。掌握了这些领域中的核心知识及其运用方法，就具备了从事土木工程的理论分析、设计、规划、建造、维护保养和管理等方面工作的基础。上述知识领域中的107个核心知识单元及其425个知识点的集合，即构成了高等学校土木工程专业学生的必修知识。遵循专业规范内容最小化的原则，本专业规范只对上述知识领域中的核心知识单元及对应的知识点作出了规定。

附件一列出了对这些核心知识单元的学习要求。为了方便教学需要，还列举了21门核心课程以及每个知识单元的推荐学时。

(2) 专业知识体系的选修部分

考虑到行业、地区人才需求的差别，以及高校人才培养目标的不同，专业规范还在核心知识以外留出选修空间。如果教学计划的课内总学时控制在2500学时，选修部分的634学时就由学校自己掌握。选修部分可以在上述六个知识领域内增加(相当于加强专业基础知识)，也可以组成一定的专业方向知识，还可以两者兼而有之。选修部分反映学校办学的特色，根据学校定位、专业定位、自身的办学条件设置。高校应注意行业和地方对人才知识和能力的需求，根据工程建设的发展趋势对专业选修部分作适时地调整。

为了对部分学校加强指导，本专业规范推荐了建筑工程、道路与桥梁工程、地下工程、铁道工程四个典型方向的专业知识单元和每个方向264个推荐学时，供学校制定教学计划时参考(见附件三)。

(二) 土木工程专业实践体系

土木工程专业实践体系包括各类实验、实习、设计和社会实践以及科研训练等形式。具有非独立设置和独立设置的基础、专业基础和专业的实践教学环节，每一个实践环节都应有相应的知识点和技能要求。

实践体系分实践领域、实践单元、知识与技能点三个层次。它们都是土木工程专业的核心内容。通过实践教育，培养学生具有实验技能、工程设计和施工的能力、科学研究的初步能力等。

1. 实验领域

实验领域包括基础实验、专业基础实验和专业及研究性实验四个环节。

基础实验实践环节包括普通物理实验、普通化学实验等实践单元。

专业基础实验实践环节包括材料力学实验、流体力学实验、土木工程材料实验、混凝土基本构件实验、土力学实验、土木工程测试技术等实践单元。

专业实验实践环节包括按专业方向安排的相关的土木工程专业实验单元。

研究性实验实践环节可作为拓展能力的培养，不作统一要求，由各校自己掌握。

2. 实习领域

实习领域包括认识实习、课程实习、生产实习和毕业实习四个实践知识与技能单元。

认识实习实践环节按土木工程专业核心知识的相关要求安排实践单元，可重点选择一个专业方向的相关内容。

课程实习实践环节包括工程测量、工程地质及与专业方向有关的课程实习实践单元。

生产实习与毕业实习实践环节的实践单元按专业方向安排相关内容。

3. 设计领域

设计领域包括课程设计和毕业设计(论文)两个实践环节。

课程设计与毕业设计(论文)的实践单元按专业方向安排相关内容。

每个实践单元的学习目标、所包含的技能点及其所需的最少实践时间见附件二。

(三) 大学生创新训练

土木工程专业人才的培养体现知识、能力、素质协调发展的原则，特别强调大学生创新思维、创新方法和创新能力的培养。在培养方案中要运用循序渐进的方式，从低年级到高年级有计划地进行创新训练。各校要注意以知识体系为载体，在课堂知识教育中进行创新训练；以实践体系为载体，在实验、实习和设计中进行创新训练；选择合适的知识单元和实践环节，提出创新思维、创新方法、创新能力的训练目标，构建成为创新训练单元。提倡和鼓励学生参加创新活动，如土木工程大赛、大学生创新实践训练等。

有条件的学校可以开设创新训练的专门课程，如创新思维和创新方法、本学科研究方法、大学生创新性实验等，这些创新训练课程也应纳入学校的培养方案。

五、课程体系

本专业规范是土木工程专业人才培养的目标导则。各校构建的土木工程专业课程体系应提出达到培养目标所需完成的全部教学任务和相应要求，并覆盖所有核心知识点和技能点。同时也要给出足够的课程供学生选修。

一门课程可以包含取自若干个知识领域的知识点，一个知识领域中知识单元的内容按知识点也可以分布在不同的课程中，但要求课程体系中的核心课程实现对全部核心知识单元的完整覆盖。

本专业规范在工具、人文、自然科学知识体系中推荐核心课程 21 门，对应推荐学时 1110 个；在专业知识体系中推荐核心课程 21 门，对应推荐学时 712 个，见附表 1-1 和附

表 1-2。专业规范在实践体系中安排实践环节 9 个，其中基础实验推荐 54 个学时，专业基础实验推荐 44 个学时，专业实验推荐 8 个学时；实习 10 周，设计 22 周，见附表 2-1。

课内教学和实验教学的学时数(周数)分布见表 1-1。

课内教学和实验教学的学时数(周数)分布　　表 1-1

<table>
<tr><th rowspan="2">项目</th><th rowspan="2">工具、人文、自然科学知识体系学时数(周数)</th><th rowspan="2">专业知识体系学时数(周数)</th><th colspan="2">选修学时数</th></tr>
<tr><th>推荐的专业方向选修学时数(周数)</th><th>剩余学时(周数)</th></tr>
<tr><td rowspan="2">专业知识体系
(按 2500 学时统计)</td><td>1110 学时</td><td>712＋44 学时</td><td>264 学时</td><td>370 学时</td></tr>
<tr><td>44.4%</td><td>30.2%</td><td colspan="2">25.4%</td></tr>
<tr><td rowspan="2">专业实践体系
(按 40 周统计)</td><td>62 学时＋3 周</td><td>32 周</td><td>—</td><td>4 周</td></tr>
<tr><td colspan="3">约 90.0%</td><td>约 10.0%</td></tr>
</table>

六、基本教学条件

(一) 教师

1. 有一支结构合理、相对稳定、水平较高的教师队伍。教师必须具备高校教师资格。

2. 承担本专业主干课程的任课教师不少于 2 人/每门；专业教师中高级职称教师比例不少于 40%，具有研究生学历的教师比例不低于 70%。毕业设计(论文)阶段 1 名教师指导的学生人数不应多于 10 名。

3. 有学术造诣较高的学科带头人，具有一定比例的有工程实践经历的专兼职教师。对于新办本专业的学校，应有业务能力较强、教学经验较为丰富的教师主持教学管理工作，并有一支胜任本专业各主干课程教学任务的骨干教学队伍。

4. 公共课、基础课和专业基础课教师应能够在数量和教学水平上满足土木工程专业教学的需要。

(二) 教材

1. 要选用符合专业规范的教材或教学参考书，教材内容应覆盖所有的核心知识。专业方向的教材或讲义应形成系列，满足培养方案和教学计划的要求，并符合学校的办学特色。

2. 基础课程教材应尽量选用适合学校办学特色的省部级以上规划教材。

(三) 图书资料

1. 学校图书馆中应有与土木工程专业学生数量相适应的本专业图书、刊物、资料，应具有数字化资源和具有检索这些信息资源的工具。

2. 有专业资料室，并能满足学生在各类教学环节中查阅所需的资料。图书、资料的利用率比较充分。

（四）实验室

1. 基础课程实验室的设备应满足土木工程专业的教学需要，并满足教学计划规定的学生分组实验的台套数要求。计算机的数量和管理应满足学生学习的需要。

2. 专业实验室仪器设备必须满足所开设实验的条件，并根据各校的专业方向和具体情况有所侧重。专业实验室生均仪器设备费需达到0.4万元以上。

3. 基础和专业实验室应有具备高级职称的实验人员，人数应满足要求，管理应规范有序。

（五）实习基地

1. 要有相对稳定的校内外实习基地，实习基地应符合专业实习的要求。

2. 校外实习基地的建设应有规章制度、相对稳定的兼职指导教师和必要的资料档案。

（六）教学经费

1. 学费收入用于四项教学经费(本科业务费、教学差旅费、教学仪器维修费、体育维持费)的比例需大于25%，并逐年有所增长。其中本科业务费和教学仪器维修费需占四项教学经费的80%及以上。

2. 新设的土木工程专业，开办经费一般不低于生均1万元(不包括学生宿舍、教室、办公场所等)。

七、专业规范的附件

附件一　土木工程专业的知识体系、核心知识领域、核心知识单元和知识点

附件二　土木工程专业实践教育体系中的实践领域、实践单元和知识技能点

附件三　推荐的建筑工程、道路与桥梁工程、地下工程、铁道工程方向知识单元

附件一

土木工程专业的知识体系、知识领域、核心知识单元和知识点

工具、人文、自然科学知识体系中的知识领域及推荐课程(1110学时) **附表 1-1**

序号	知识体系(学时)	知识领域			推荐课程
		序号	描述	推荐学时	
1	工具性知识(372)	1	外国语	240	大学英语、科技与专业外语、计算机信息技术、文献检索、程序设计语言
		2	信息科学技术	72	
		3	计算机技术与应用	60	
2	人文社会科学知识(332)	1	哲学	204	毛泽东思想和中国特色社会主义理论体系、马克思主义基本原理、中国近代史纲要、思想道德修养与法律基础、经济学基础、管理学基础、心理学基础、大学生心理、体育
		2	政治学		
		3	历史学		
		4	法学		
		5	社会学		
		6	经济学		
		7	管理学		
		8	心理学		
		9	体育	128	
		10	军事	3周	
3	自然科学知识(406)	1	数学	214	高等数学、线性代数、概率论与数理统计、大学物理、物理实验、工程化学、环境保护概论
		2	物理学	144	
		3	化学	32	
		4	环境科学基础	16	

专业知识体系中的核心知识及推荐课程学时(712学时) **附表 1-2**

序号	知识领域	核心知识单元(个)	知识点(个)	推荐课程	推荐学时
1	力学原理与方法	36	142	理论力学、材料力学、结构力学、流体力学、土力学	256
2	专业技术相关基础	33	125	土木工程材料、土木工程概论、工程地质、土木工程制图、土木工程测量、土木工程试验	182
3	工程项目经济与管理	3	20	建设工程项目管理、建设工程法规、建设工程经济	48
4	结构基本原理和方法	22	94	工程荷载与可靠度设计原理、混凝土结构基本原理、钢结构基本原理、基础工程	150
5	施工原理和方法	12	42	土木工程施工技术、土木工程施工组织	56
6	计算机应用技术	1	2	土木工程计算机软件应用	20
	总计	107	425	21门	712

力学原理与方法知识领域的核心知识单元、知识点及推荐学时(256学时)　附表1-3

核心知识单元		知识点			推荐学时
序号	描述	序号	描述	要求	
1	静力学公理和物体的受力分析	1	静力学公理	掌握	60
		2	约束与约束反力	掌握	
		3	物体的受力分析	掌握	
2	力系	1	平面汇交力系与平面力偶系	掌握	
		2	平面一般力系	掌握	
		3	空间一般力系	熟悉	
3	摩擦	1	滑动摩擦	掌握	
		2	考虑滑动摩擦时物体的平衡问题	掌握	
		3	摩擦角和自锁现象	熟悉	
		4	滚动摩阻的概念	掌握	
4	点的运动	1	点的运动	掌握	
		2	点的合成运动	掌握	
5	刚体的运动	1	刚体的基本运动与平面运动	掌握	
6	动力学基本原理	1	质点动力学的基本方程	掌握	
		2	动量定理	掌握	
		3	动量矩定理	掌握	
		4	动能定理	掌握	
		5	达朗贝尔原理	熟悉	
7	材料力学的基本概念	1	材料力学基本概念	掌握	54
8	截面几何性质	1	静矩和形心	掌握	
		2	惯性矩、惯性积、平行移轴公式	掌握	
		3	形心主轴和形心主惯性矩	熟悉	
9	轴向拉伸和压缩	1	内力、截面法、轴力及轴力图	掌握	
		2	应力和变形、胡克定律、弹性模量、泊松比	掌握	
		3	材料的拉压力学性能、强度条件和计算	掌握	
		4	应力集中的概念	熟悉	
10	剪切	1	剪切的概念	掌握	
		2	剪切的实用计算	熟悉	
		3	挤压的实用计算	了解	
11	扭转	1	薄壁圆筒的扭转、剪切胡克定律、剪应力互等定理	掌握	
		2	扭矩及扭矩图	掌握	
		3	圆轴扭转的应力和变形、强度条件和刚度条件	掌握	
12	弯曲	1	剪力、弯矩及剪力图、弯矩图	掌握	
		2	弯矩、剪力和荷载集度间的微分关系	掌握	
		3	梁横截面上的正应力和正应力强度条件	掌握	

续表

核心知识单元		知识点			推荐学时
序号	描述	序号	描　述	要求	
12	弯曲	4	梁横截面上的剪应力和剪应力强度条件	掌握	
		5	提高弯曲强度的措施	了解	
		6	弯曲中心的概念	了解	
		7	梁弯曲变形时截面的挠度和转角的概念	掌握	
		8	挠曲线近似微分方程	熟悉	
		9	积分法和叠加法计算弯曲变形	掌握	
		10	刚度条件、提高梁刚度的措施	熟悉	
13	组合变形	1	组合变形的概念	掌握	
		2	斜弯曲	掌握	
		3	拉伸(压缩)与弯曲	掌握	
		4	扭转与弯曲	掌握	
14	应力状态和强度理论	1	平面应力状态下的应力分析	掌握	
		2	空间应力状态下的应力分析	了解	
		3	广义胡克定律	掌握	
		4	常用强度理论	掌握	
15	压杆稳定	1	细长中心受压直杆临界力的欧拉公式、长度系数	掌握	
		2	欧拉公式应用范围、临界应力总图、柔度	掌握	
		3	压杆稳定条件和稳定计算	掌握	
16	能量法	1	杆件应变能的概念和计算	熟悉	
		2	卡氏定理及应用	掌握	
17	结构力学基本概念	1	结构力学基本概念	熟悉	78
18	平面几何体系组成分析	1	结构计算简图选取的基本原则、方法以及结构、荷载的分类	熟悉	
		2	几何可变和几何不变体系的概念、体系的自由度、几何不变体系的组成规则	掌握	
		3	静定结构与超静定结构的几何组成特征	掌握	
		4	瞬变体系的概念	熟悉	
19	静定结构内力、位移的分析和计算	1	单跨静定梁的内力计算及内力图、多跨静定梁的组成特点及传力层次图、多跨静定梁的内力分析及内力图	掌握	
		2	静定平面刚架的内力计算、内力图的绘制及校核	掌握	
		3	三铰拱的内力计算方法以及合理拱轴的概念	掌握	
		4	桁架的内力计算	掌握	
		5	静定组合结构的内力计算	掌握	
		6	广义位移的概念、实功与虚功的概念、变形体系的虚功原理	掌握	
		7	结构位移计算方法	掌握	

续表

核心知识单元		知识点			推荐学时
序号	描述	序号	描 述	要求	
19	静定结构内力、位移的分析和计算	8	支座移动及温度改变引起的位移计算方法	掌握	
		9	图乘法计算梁和刚架的位移	掌握	
		10	互等定理	了解	
20	影响线	1	移动荷载及影响线的概念	熟悉	
		2	静力法作静定梁的影响线	掌握	
		3	机动法作静定梁的影响线	了解	
		4	利用影响线确定最不利状态位置的方法	熟悉	
		5	简支梁内力包络图的概念和作图方法	掌握	
		6	超静定结构影响线	了解	
21	超静定结构内力、位移的分析和计算	1	超静定问题及其解法	掌握	
		2	力法	掌握	
		3	位移法	掌握	
		4	力矩分配法	掌握	
		5	矩阵位移法	熟悉	
22	结构的稳定计算	1	两类稳定问题的概念	掌握	
		2	结构稳定计算的基本方法	掌握	
23	结构动力学基本原理和方法	1	动力荷载的分类、动力自由度的确定方法	熟悉	
		2	单自由度体系的振动方程、自由振动和强迫振动	掌握	
		3	共振和阻尼	熟悉	
24	土的组成、物理性质及分类	1	土中固体颗粒、土中水和气	了解	32
		2	土的结构和构造	掌握	
		3	土的三相比例指标	掌握	
		4	土的物理特性和压实性	掌握	
		5	土的工程分类	掌握	
25	土的渗透性与渗流	1	土的渗透性及测定	掌握	
		2	土中二维渗流及流网	了解	
		3	渗透破坏及其控制	掌握	
26	土中应力	1	自重应力	掌握	
		2	基底压力和地基附加应力	掌握	
		3	有效应力原理	掌握	
27	土的压缩性和地基沉降计算	1	土的固结试验与压缩性指标	掌握	
		2	土的变形模量和变形计算	掌握	
		3	地基沉降量计算	掌握	
		4	饱和土体的渗流固结理论	掌握	
		5	地基沉降与时间的关系	掌握	

续表

核心知识单元		知识点			推荐学时
序号	描述	序号	描　述	要求	
28	土的抗剪强度及土压力	1	土的抗剪强度理论和极限平衡条件	掌握	
		2	土的剪切试验及抗剪强度（直剪、三轴、无侧限）	掌握	
		3	不同排水条件下抗剪强度指标及孔隙压力系数的确定	掌握	
		4	应力路径的概念	了解	
		5	振动液化问题	熟悉	
		6	两种土压力理论（朗金和库仑）	掌握	
		7	土压力计算	掌握	
29	地基承载力及边坡稳定性	1	地基的破坏模式	熟悉	
		2	地基临界荷载及地基极限承载力	掌握	
		3	地基承载力的确定	掌握	
		4	边坡的稳定性分析	了解	
30	流体力学概念与流体静力学	1	流体的主要物理性质	掌握	
		2	作用在流体上的力	熟悉	
		3	重力场中液体静压强的分布	掌握	
		4	作用面上的总压力	掌握	
31	流体动力学基础	1	流体运动的描述和欧拉法	掌握	
		2	连续性方程	掌握	
		3	伯努利方程	掌握	
		4	动量方程	掌握	
		5	势流理论基础	了解	
32	流动阻力	1	流动阻力和水头损失分类与计算	掌握	
		2	雷诺实验与流态	掌握	
		3	层流运动	熟悉	
		4	紊流运动	掌握	32
		5	边界层概念与绕流阻力	掌握	
		6	风荷载计算的基本原理	熟悉	
		7	流动阻力和水头损失分类与计算	掌握	
33	有压流动	1	孔口出流与管嘴出流	掌握	
		2	短管的水力计算	掌握	
		3	长管的水力计算	熟悉	
34	明渠流动	1	明渠均匀流	掌握	
		2	明渠流动状态	掌握	
		3	明渠非均匀渐变流水面曲线的分析	熟悉	
35	堰流和渗流	1	堰流及其分类	熟悉	
		2	宽顶堰溢流	掌握	

续表

核心知识单元		知识点			推荐学时
序号	描述	序号	描述	要求	
35	堰流和渗流	3	渗流基本定律	掌握	
		4	井与井群	熟悉	
36	波浪理论基础	1	基本方程	熟悉	
		2	驻波与进行波	熟悉	
		3	波能与波的作用力	熟悉	

专业技术相关基础知识领域的核心知识单元、知识点及推荐学时(182学时)　　**附表 1-4**

核心知识单元		知识点			推荐学时
序号	描述	序号	描述	要求	
1	土木工程材料的基本性质	1	土木工程材料的分类	了解	36
		2	材料的物理性质	掌握	
		3	材料的力学性质	掌握	
		4	材料的耐久性	掌握	
2	无机胶凝材料	1	气硬性胶凝材料及其主要用途	熟悉	
		2	硅酸盐水泥矿物组成、性质及选用	熟悉	
		3	其他水泥	了解	
3	水泥混凝土与砂浆	1	水泥混凝土的基本组成材料、分类和性能要求	熟悉	
		2	混凝土拌合物的性能、测定和调整方法	掌握	
		3	硬化混凝土的力学、变形性能和耐久性	掌握	
		4	普通水泥混凝土的配合比设计	掌握	
		5	水泥混凝土的外加剂和矿物掺合料	熟悉	
		6	砂浆	掌握	
4	钢材	1	钢的分类	了解	
		2	钢材的主要力学性能	熟悉	
		3	钢材的冷热加工性能	熟悉	
		4	土木工程用钢的品种和选用	掌握	
5	砌筑材料	1	砌墙砖的种类和应用	熟悉	
		2	砌块和石材的种类和应用	掌握	
6	木材	1	木材的主要种类、力学性能和应用	掌握	
7	沥青及沥青混合材料	1	沥青材料的基本组成和结构特点、工程性质及测定方法	掌握	
		2	沥青的改性、主要沥青制品及其用途	了解	
		3	沥青混合料设计与配置方法及其应用	熟悉	
8	合成高分子材料	1	合成高分子材料的种类、特征和应用	了解	
9	其他工程材料	1	防水材料	熟悉	
		2	保温隔热材料	熟悉	

续表

核心知识单元		知识点			推荐学时
序号	描述	序号	描 述	要求	
9	其他工程材料	3	吸声隔声材料	熟悉	
		4	防火材料	了解	
10	专业学科概述	1	专业发展、地位和作用	熟悉	14
		2	土木工程师的责任和义务	掌握	
		3	土木工程的可持续发展	了解	
		4	建筑工程	熟悉	
		5	桥梁工程	熟悉	
		6	岩土及地下建筑工程	熟悉	
		7	轨道交通工程(铁道工程)	熟悉	
		8	隧道工程	了解	
		9	道路工程	熟悉	
		10	水利工程结构物	了解	
		11	港口工程结构	了解	
		12	土木工程的防灾减灾	了解	
11	工程地质学基础	1	岩石的成因及其工程地质特征	熟悉	32
		2	地质作用与地质年代	掌握	
		3	地质构造与地形地貌	熟悉	
		4	岩土的工程性质与分类	掌握	
		5	岩体的力学性质及围岩分类	掌握	
		6	地下水	掌握	
12	地质对工程结构的影响	1	地质构造对工程的影响	掌握	
		2	地下水对工程的影响	掌握	
		3	不良地质现象的工程地质问题	掌握	
13	工程地质勘察	1	工程地质勘察要求、内容和方法	掌握	
		2	各类工程的工程地质勘察要点	熟悉	
14	制图基本知识和基本技能	1	制图国家标准的基本规定	掌握	38
		2	尺规绘图	掌握	
		3	徒手绘图	熟悉	
		4	计算机绘图	掌握	
15	投影法和点的多面正投影	1	投影法	熟悉	
		2	三投影面体系及点的三面投影图	掌握	
		3	辅助正投影	了解	
16	平面立体的投影及线面投影分析	1	平面立体的三面投影	掌握	
		2	立体上直线的投影分析、立体上平面的投影分析	掌握	
		3	点、线、面间的相对几何关系	熟悉	

续表

核心知识单元		知识点			推荐学时
序号	描述	序号	描　　述	要求	
17	平面立体构型及轴测图画法	1	基本平面体的叠加、切割和交接	掌握	
		2	简单平面立体的尺寸标注	掌握	
		3	轴测投影原理及画法	掌握	
18	规则曲线、曲面及曲面立体	1	规则曲线	熟悉	
		2	工程中常用的曲面	了解	
		3	基本曲面立体和立体上的曲表面	掌握	
		4	平面与曲面体或曲表面相交	熟悉	
		5	圆柱和圆锥的轴测图画法	掌握	
19	组合体	1	组合体视图的画法	掌握	
		2	组合体视图的尺寸标注	掌握	
		3	组合体视图的读法	掌握	
20	图样画法	1	基本视图、剖视图、断面图	掌握	
		2	轴测图中的剖切画法	了解	
		3	简化画法	了解	
21	透视投影	1	直线的透视	熟悉	
		2	视点、画面和物体相对位置的选择	掌握	
22	土木工程图	1	总平面图	熟悉	
		2	平面、立面、剖面图	掌握	
		3	详图及施工图	掌握	
		4	附属设施施工图	熟悉	
23	测量学基本知识	1	测量学研究的对象以及它的基本任务	掌握	38
		2	地球曲率对测量工作的影响	了解	
		3	地面点位的确定与测量坐标系	了解	
		4	测量常用计算单位与换算	掌握	
24	水准测量	1	水准测量原理及水准仪的使用方法	掌握	
		2	水准路线布设形式、水准测量的实施和检核	掌握	
		3	高差闭合差的计算、调整，高程计算，水准仪的检验与校正方法	掌握	
		4	水准测量误差产生的原因及消减方法	了解	
		5	精密水准仪与水准尺以及自动安平水准仪	了解	
25	角度测量	1	水平角和竖直角测量原理	掌握	
		2	经纬仪的使用方法，测回法、方向观测法观测水平角的步骤，电子经纬仪简介	掌握	
		3	竖直度盘构造特点、指标差、竖直角观测与计算方法	掌握	
		4	经纬仪的检验与校正方法	掌握	
		5	角度测量误差产生的原因及分析	了解	

续表

核心知识单元		知识点			推荐学时
序号	描述	序号	描　述	要求	
26	距离测量与三角高程测量	1	钢尺测距的一般方法	掌握	
		2	视距测量	了解	
		3	电磁波测距的基本原理和红外光电测距仪及其使用	掌握	
		4	三角高程测量原理	掌握	
27	测量误差的基本知识	1	测量误差产生的原因及其分类，系统误差、偶然误差的特性	了解	
		2	评定精度的标准，中误差、相对误差、极限误差概念，误差传播	掌握	
		3	等精度独立观测量的最可靠值与精度评定	了解	
		4	不等精度独立观测量的最可靠值与精度评定	了解	
28	控制测量与 GPS 测量	1	控制测量的概念，平面控制网的定位和定向方法	了解	
		2	控制网布设的基本原则	了解	
		3	导线测量的布设形式以及外业测量、内业计算的方法	掌握	
		4	前方交会定点计算	掌握	
		5	三、四等水准量测	掌握	
		6	GPS 及 GPS 定位的基本原理	掌握	
		7	GPS 的测量方法	了解	
29	全站仪测量	1	全站仪的基本构造、工作原理	了解	
		2	全站仪的使用	掌握	
30	地形图测绘	1	地形图的基本知识、地形图测绘的基本原理和方法	掌握	
		2	工程建设中的地形图应用	了解	
		3	数字地形图的应用	了解	
31	工程结构试验设计	1	结构试验中试件、荷载和量测设计的内容及关系	掌握	24
		2	材料力学性能与结构试验的关系、加载速度与应变速率的关系以及对材料本构关系的影响	了解	
		3	相似理论及其应用	了解	
32	加载与量测设备及使用方法和技术	1	常用的试验装置和加载方法	掌握	
		2	各类常用试验量测设备的原理	了解	
		3	各类常用试验量测设备的使用方法	掌握	
33	工程结构试验	1	工程结构静力试验	掌握	
		2	工程结构动力试验	了解	
		3	工程结构无损检测	掌握	
		4	工程结构试验数据整理和分析	掌握	

工程项目经济与管理知识领域的核心知识单元、知识点及推荐学时(48 学时)　　**附表 1-5**

核心知识单元		知识点			推荐学时
序号	描述	序号	描　　述	要求	
1	工程项目经济原理	1	工程项目的经济学基础	了解	20
		2	资金的时间价值	掌握	
		3	工程项目经济效果评价指标和方法	掌握	
		4	工程项目的财务分析	熟悉	
		5	设计与施工方案的技术经济分析方法	掌握	
		6	工程项目经济效益分析与社会评价	了解	
		7	工程项目的风险分析	熟悉	
2	工程项目管理	1	工程项目组织与人力资源管理	熟悉	14
		2	工程项目合同管理	熟悉	
		3	工程项目质量管理	掌握	
		4	工程项目成本管理	掌握	
		5	工程项目进度管理	掌握	
		6	工程项目风险管理	掌握	
		7	工程项目安全及环境管理	掌握	
		8	工程项目综合管理	掌握	
3	土木工程法规	1	法规体系及立法原则	了解	14
		2	建设工程招标投标法规	熟悉	
		3	建设工程合同法规	熟悉	
		4	建设工程施工管理法规	熟悉	
		5	其他建设工程法规(执业资格、勘察设计、工程监理、建筑节能、环境保护、涉外建设、纠纷处理等)	了解	

结构基本原理与方法知识领域的核心知识单元、知识点及推荐学时(150 学时)　　**附表 1-6**

核心知识单元		知识点			推荐学时
序号	描述	序号	描　　述	要求	
1	工程结构荷载	1	荷载与作用的概念及分类	掌握	18
		2	重力荷载产生的原因、特点、影响因素及计算方法	熟悉	
		3	侧压力产生的原因、特点、影响因素及计算方法	掌握	
		4	风荷载产生的原因、特点、影响因素及计算方法	掌握	
		5	地震作用产生的原因、特点、影响因素及计算方法	掌握	
		6	其他作用产生的原因、特点、影响因素及计算方法	了解	
2	结构可靠度设计原理	1	荷载的统计分析	掌握	
		2	结构抗力的统计方法	掌握	
		3	结构可靠度分析	掌握	
		4	结构概率可靠度设计法	掌握	
		5	土木工程各类结构的实用设计表达式	熟悉	

续表

核心知识单元		知识点			推荐学时
序号	描述	序号	描述	要求	
3	混凝土结构设计概念、原则及材料的物理力学性能	1	混凝土结构的一般概念及发展与应用	熟悉	60
		2	钢筋的物理力学性能	掌握	
		3	混凝土的物理力学性能	掌握	
		4	混凝土与钢筋的粘结性能	掌握	
4	钢筋混凝土受弯构件承载力的分析与计算	1	正截面受弯构件的一般构造	掌握	
		2	正截面受弯承载力的试验研究、基本假定	熟悉	
		3	单(双)筋矩形截面、T形截面受弯构件的正截面受弯承载力计算	掌握	
		4	斜截面受剪承载力的试验研究、影响因素及其基本假定	熟悉	
		5	斜截面受剪承载力的计算	掌握	
		6	保证斜截面受弯承载力的构造措施	掌握	
5	钢筋混凝土受压构件截面承载力计算与分析	1	受压构件的一般构造	掌握	
		2	轴心受压构件正截面的承载力计算	掌握	
		3	偏心受压构件正截面的承载力计算	掌握	
		4	正截面承载力 N_u-M_u 相关曲线及其应用	掌握	
		5	偏心受压构件斜截面受剪承载力的计算	熟悉	
6	钢筋混凝土受拉构件承载力计算与分析	1	轴心受拉构件正截面承载力的计算	熟悉	
		2	偏心受拉构件正截面承载力的计算	熟悉	
7	钢筋混凝土受扭构件截面承载力计算与分析	1	纯扭构件的试验研究	熟悉	
		2	矩形截面纯扭构件的扭曲截面受扭承载力计算	掌握	
		3	弯剪扭构件的承载力计算	掌握	
		4	受扭构件的配筋构造要求	掌握	
8	混凝土构件的变形、裂缝宽度验算与耐久性分析	1	构件刚度的分析计算	掌握	
		2	钢筋混凝土受弯构件的挠度验算	掌握	
		3	钢筋混凝土构件的裂缝宽度验算	掌握	
		4	混凝土结构的耐久性	熟悉	
9	预应力混凝土构件的受力性能计算与分析	1	预应力混凝土的基本概念	掌握	
		2	施加预应力的方法和设备	熟悉	
		3	张拉控制应力与预应力损失	掌握	
		4	后张法构件端部锚固区的局部承压验算	熟悉	
		5	预应力混凝土轴心受拉、受弯构件的计算	熟悉	
		6	部分预应力混凝土及无粘结预应力混凝土结构简述	熟悉	
		7	预应力混凝土构件的构造要求	掌握	

续表

核心知识单元		知识点			推荐学时
序号	描述	序号	描述	要求	
10	钢结构的特点、应用及破坏	1	钢结构的特点、应用范围、结构形式	掌握	40
		2	钢结构用材的要求及影响因素	掌握	
		3	钢结构的破坏形式	掌握	
11	钢结构构件的强度计算与分析	1	轴心受力构件的强度计算	掌握	
		2	梁的类型和强度、梁的局部压应力和组合应力	掌握	
		3	拉弯、压弯构件的应用和强度计算	掌握	
12	钢结构构件的稳定计算与分析	1	钢结构稳定问题的特点与分析方法	熟悉	
		2	轴心受压构件的整体稳定分析与局部稳定分析	掌握	
		3	受弯构件的整体稳定分析与局部稳定分析	掌握	
		4	压弯构件的面内和面外整体稳定分析与局部稳定分析	掌握	
13	钢构件截面设计方法	1	钢结构构件截面设计基本要求及方法	掌握	
		2	轴心受力构件截面设计方法	掌握	
		3	受弯构件截面设计方法	掌握	
		4	拉弯及压弯构件截面设计方法	掌握	
14	钢整体结构中的压杆和压弯构件	1	钢结构整体分析原则和思路	熟悉	
		2	桁架中压杆的计算长度	熟悉	
		3	框架稳定和框架柱计算长度	熟悉	
15	钢结构的正常使用极限状态计算与分析	1	拉杆、压杆的刚度要求，梁和桁架的变形限制，钢框架的变形限制	熟悉	
16	钢结构的连接	1	钢结构对连接的要求及连接方法	掌握	
		2	焊接连接的特性、构造和计算，焊接残余应力和焊接残余变形	掌握	
		3	普通螺栓连接的构造和计算、高强度螺栓连接的性能和计算	掌握	
		4	焊接梁翼缘焊缝的计算、构件的拼接、梁与梁的连接、梁与柱的连接、柱脚设计	掌握	
17	各类浅基础及挡土墙	1	浅基础的类型	熟悉	32
		2	扩展基础的设计	掌握	
		3	连续基础的设计	掌握	
		4	支挡结构	掌握	
18	桩基础计算与分析	1	桩和桩基础的类型与构造	掌握	
		2	桩基竖向承载力计算、桩基水平承载力计算	掌握	
		3	桩基沉降计算	掌握	
		4	群桩基础	掌握	
		5	桩承台计算	掌握	
		6	桩基础设计内容与步骤	掌握	

续表

核心知识单元		知识点			推荐学时
序号	描述	序号	描　述	要求	
19	基坑工程	1	围护结构形式及适用范围	熟悉	
		2	基坑围护结构设计	熟悉	
		3	基坑稳定分析	熟悉	
20	沉井与地下连续墙	1	沉井的分类与构造	熟悉	
		2	沉井作为基础的计算与构造	熟悉	
		3	沉井施工期的结构计算	熟悉	
		4	地下连续墙简介	了解	
21	特殊土地基	1	软土地基	熟悉	
		2	湿陷性黄土地基	熟悉	
		3	膨胀土地基	熟悉	
		4	冻土地基	熟悉	
		5	其他特殊土地基	了解	
22	地基处理技术	1	地基处理方法分类	熟悉	
		2	换土垫层法	熟悉	
		3	强夯法和强夯置换法	熟悉	
		4	排水固结法	熟悉	
		5	挤密法及深层密实法	熟悉	
		6	其他加固方法	熟悉	
		7	特殊土地基处理	了解	

施工原理和方法知识领域的核心知识单元、知识点及推荐学时(56学时)　　**附表1-7**

核心知识单元		知识点			推荐学时
序号	描述	序号	描　述	要求	
1	土方工程(路基工程施工)	1	土方工程量的计算与调配、场地平整、基坑开挖	掌握	46
		2	土方工程的机械化施工	掌握	
		3	土方工程的辅助工程	掌握	
		4	土方爆破施工	掌握	
2	基础工程	1	独立基础和筏形基础施工	掌握	
		2	桩基础施工	掌握	
		3	沉井基础施工	熟悉	
3	砌筑工程	1	普通砖砌筑施工	熟悉	
		2	砌块砌体施工	掌握	
		3	砌体的冬期施工	熟悉	
4	混凝土工程	1	钢筋工程	掌握	
		2	模板工程	掌握	

续表

核心知识单元		知识点			推荐学时
序号	描述	序号	描　　述	要求	
4	混凝土工程	3	混凝土工程	掌握	
		4	特殊条件下的混凝土施工	了解	
		5	预应力混凝土施工	掌握	
5	结构安装工程	1	起重机具	熟悉	
		2	构件的吊装工艺	掌握	
6	建筑结构施工	1	砖混结构施工	掌握	
		2	现浇混凝土结构施工	掌握	
		3	单层厂房结构安装	掌握	
		4	多层装配式结构安装	掌握	
		5	钢结构安装	掌握	
7	桥梁结构施工	1	桥梁墩台施工	掌握	
		2	桥梁上部结构施工	掌握	
8-1	路面施工	1	沥青混凝土路面施工	掌握	
		2	沥青碎石路面施工	掌握	
		3	水泥混凝土路面施工	掌握	
8-2	铁路轨道施工	1	有砟轨道施工	掌握	
		2	无砟轨道施工	掌握	
		3	无缝轨道施工	掌握	
9	隧道施工	1	施工方法	掌握	
		2	隧道掘进	掌握	
		3	隧道支护和衬砌	掌握	
		4	塌方事故的处理	掌握	
10	流水施工原理	1	流水的概念、特点及流水参数	掌握	10
		2	流水施工的组织形式	掌握	
11	工程施工组织	1	单位工程施工组织设计	掌握	
		2	工程施工组织总设计	掌握	
12	网络计划技术	1	双代号网络计划	了解	
		2	单代号网络计划	了解	
		3	双代号时标网络计划	了解	
		4	网络计划的优化和调整	了解	

注：8-1和8-2并列，根据专业设置情况二者取其一即可。

计算机应用技术知识领域的核心知识单元、知识点及推荐学时(20学时)　　**附表1-8**

核心知识单元		知识点			推荐学时
序号	描述	序号	描　　述	要求	
1	计算机辅助设计	1	利用相关专业软件进行建模、数据输入和计算分析	掌握	20
		2	利用相关专业软件进行结果图形显示和结构、构件图的绘制	掌握	

注：计算机信息基础知识单元在工具性知识中安排。

附件二

土木工程专业实践教育体系中的实践领域、核心实践单元和知识技能点

实践体系中的领域和核心实践单元 **附表 2-1**

序号	实践领域	核心实践单元(个)	实践环节	推荐学时
1	实验	2	土木工程基础实验	54
2		6	土木工程专业基础实验	44
3		1	按方向安排的专业实验	8
4	实习	3	土木工程认识实习	1周
5		2	按方向安排的课程实习	3周
6		4	按方向安排的生产实习	4周
7		1	按方向安排的毕业实习	2周
8	设计	7	按方向安排的课程设计	8周
9		1	按方向安排的毕业设计(论文)	14周

实验领域的核心实践单元和知识技能点 **附表 2-2**

核心实践单元		知识与技能点		
序号	描述(学时)	序号	描述	要求
1	普通物理实验(48)	1		参照物理教学要求
2	普通化学实验(6)	1		参照化学教学要求
3	材料力学实验(10)	1	万能试验机的构造和工作原理	了解
		2	万能试验机的基本操作规程	掌握
		3	低碳钢和铸铁的拉、压屈服极限、强度极限及低碳钢的伸长率、断面收缩率的测定方法	掌握
		4	材料拉伸图的绘制，低碳钢与铸铁的拉、压力学性能的比较	掌握
		5	比例极限内胡克定律的验证，实验加载方案的拟定、钢材弹性模量的测定，引伸仪的使用方法	掌握
		6	低碳钢和铸铁的剪切屈服极限、低碳钢的剪切强度极限的测定，低碳钢及铸铁试件扭转破坏情况的观察与比较	熟悉
		7	低碳钢材料的剪切弹性模量的测定、材料受扭时在比例极限内剪切胡克定律的验证	掌握
		8	电测法的原理及电阻应变仪的使用、电阻应变片的应用	了解
		9	矩形截面简支梁在受纯弯曲时横截面上正应力的大小及其分布规律的测定	掌握
		10	受弯扭组合变形作用的薄壁圆筒表面一点的主应力及主方向的测定	熟悉

续表

核心实践单元		知识与技能点		
序号	描述(学时)	序号	描　　述	要求
4	流体力学实验(4)	1	管流平均流速、总水头的测定、测压管水头，流体管流运动的能量相互转换关系验证	掌握
		2	层流、紊流的水头损失与断面平均流速的关系测定，层流、紊流现象观察，雷诺数的计算	掌握
5	土木工程材料实验(12)	1	土建材料基本性质的测定方法，材料相对密度的测定方法	掌握
		2	钢筋取样要求、钢筋标距打印、钢材的力学性能和机械性能的检验方法	掌握
		3	水泥的物理性质检验方法和水泥的强度等级评定方法、水泥压力试验和抗折实验方法	掌握
		4	砂和石的颗粒级配、粗细程度及石子的最大粒径的测定、砂的细度模数、级配曲线的确定、砂、石骨料的级配、含水量、含泥量的测定	掌握
		5	混凝土和易性的测定及调整方法、混凝土标准养护方法、混凝土强度评定方法、实验室和施工配合比的确定	掌握
		6	沥青三大技术性质的测定方法、沥青牌号的评定	掌握
6	混凝土基本构件实验(4)	1	矩形钢筋混凝土梁正截面承载力实验方法、测试手段、仪表的识读	掌握
		2	受弯构件适筋梁和超筋梁的破坏特征、适筋梁三个工作阶段的受力特征、平均应变平截面假定的验证	熟悉
		3	挠度变化及裂缝出现和发展过程	了解
		4	受弯构件正截面的开裂荷载和极限承载力的测定方法、正截面承载力计算方法	掌握
		5	矩形钢筋混凝土梁斜截面承载力实验方法、测试手段、仪表的识读	掌握
		6	无腹筋受弯构件裂缝的出现及发展过程	了解
		7	斜拉破坏、剪压破坏和斜压破坏的破坏过程及破坏特征	熟悉
		8	斜截面极限承载力的测定方法、无腹筋受弯构件斜截面承载力计算方法	掌握
7	土力学实验(6)	1	土工实验仪器设备的原理	熟悉
		2	土工室内实验仪器的使用方法	掌握
		3	土的基本物理指标测试方法、土的基本物理状态评判、土样分类	掌握
		4	土的压缩性测定方法、压缩曲线的绘制、压缩性指标的确定	掌握
		5	土的抗剪强度的测定方法、土的摩擦角和粘结力的确定	掌握
		6	常规三轴剪切试验的测试方法	了解

续表

核心实践单元		知识与技能点		
序号	描述(学时)	序号	描　述	要求
8	土木工程测试技术(8)	1	应变片的选取原则及质量鉴别方法	了解
		2	应变片的粘贴技术	掌握
		3	静态电阻应变仪的使用	掌握
		4	典型测试线路的接法	熟悉
		5	回弹法检测混凝土强度技术、超声法检测混凝土内部空洞及浅裂缝深度技术、混凝土内部钢筋情况无损检测技术	熟悉
		6	钢桁架的全过程静载实验	掌握
9	土木工程专业实验(8)	1	土木工程相关方向的检测技术	掌握

实习领域中的核心实践单元和知识技能点 **附表 2-3**

核心实践单元			知识与技能点			
序号	描述		序号	描　述	要求	备注
1	土木工程认识实习(1周)	建筑工程	1	建筑物和构筑物的功能用途，结构形式和组成，内部的梁、板、柱、墙结构形式与尺寸	了解	按土木工程专业核心知识的要求安排，可重点选择一个专业方向的相关内容
			2	工程材料(包括钢材、水泥、砂、石、砖等)的使用和主要性能	了解	
			3	给水排水、供电、消防等主要配套设施	了解	
			4	工程建设的施工方案、设备、工艺与方法，施工场地的布置，施工工期与总造价	了解	
2		道路与桥梁工程	1	桥的类型，结构形式，结构特点，主要构造组成，主要参数(跨数、高度、长度、宽度等)，道路的类型、级别，路肩、路面、路基、路堑等组成结构，路面结构	了解	
			2	工程材料(包括钢材、水泥、砂、石、砖、沥青等)的使用和主要性能	了解	
			3	道路线形布置、坡度、雨水排放系统、各种道路标识与标记	了解	
			4	道路和桥梁工程的施工方案、设备、工艺与方法，施工场地的布置，施工工期与总造价	了解	
3		地下工程	1	典型基础、边坡及地下工程等的功能与用途，工程规模，结构类型、形式、主要尺寸	了解	
			2	工程材料(包括钢材、水泥、砂、石、砖等)的使用和主要性能	了解	
			3	提升、运输、通风、排水、供水、防火等辅助系统与设施	了解	
			4	工程建设的施工方案、设备、工艺与方法，施工场地的布置，施工工期与总造价	了解	

续表

核心实践单元			知识与技能点			
序号	描述		序号	描　　述	要求	备注
4	土木工程认识实习（1周）	铁道工程	1	铁路的线形、自然条件、经济地理对线路走向选择的影响、主要技术标准及各种线路标识	了解	
			2	轨道结构的类型及组成，功能与用途，施工、养护与维修技术基本知识	了解	
			3	路堤、路堑、支挡构筑物及其附属工程的结构形式、功能与用途、施工方法	了解	
			4	铁路其他构筑物（桥、涵、隧、车站等）的结构形式、施工方法及铁路线路对其的要求	了解	
5	课程实习	工程测量（2周）	1	仪器使用和校验	熟悉	不含各方向有关的课程实习
			2	导线的布设、水平角观测、距离测量、四等水准测量	掌握	
			3	地形图的识读及应用	掌握	
			4	详细地形图的绘制	掌握	
6		工程地质（1周）	1	矿物岩石的识别、生物化石的辨别	掌握	
			2	地质风化作用、构造作用、河流及海浪作用等现象的观察	掌握	
			3	主要地层的年代与名称，岩层走向、倾向和倾角的量测	掌握	
			4	不同类型土质、土层的认识	掌握	
7	生产实习（4周）	建筑工程	1	建筑的各个施工环节（基础、上部结构）混凝土、钢筋、模板等工种施工新工艺、新技术	掌握	按专业方向安排
			2	施工段划分、施工方案制定、进度计划制定、劳动力安排	掌握	
			3	项目经理见习、施工安排、施工技术、安全施工交底等	熟悉	
			4	工程造价、工程项目的合同与成本管理	熟悉	
8		道路与桥梁工程	1	道路、桥梁的设计步骤、理论计算方法、施工图所包含的内容以及设计过程中的难点和解决办法	了解	
			2	道路与桥梁施工各主要环节的注意事项以及各环节的衔接与相互配合、具体施工方法和施工工艺	掌握	
			3	组织机构、劳动组织、相关规范及标准、质量与安全措施、工程管理措施、工程安排及工期	熟悉	
			4	工程造价、工程项目的合同与成本管理	熟悉	
9		地下工程	1	工程的范围及工程量、工程地质与水文条件，工程所在地的自然与环境条件，工程设计方案	熟悉	
			2	施工准备工作内容、施工场地布置，掘进与支护（衬砌）的施工方案与方法、施工工艺与参数、施工设备名称及型号	掌握	

续表

核心实践单元			知识与技能点			
序号	描述		序号	描述	要求	备注
9	生产实习（4周）	地下工程	3	提升、运输、通风、排水、供水等辅助系统的方式与设备	掌握	按专业方向安排
			4	组织机构、劳动组织、相关规范及标准、质量与安全措施、工程管理措施、工程造价、工程安排及工期	掌握	
10		铁道工程	1	铁路线路、轨道、路基的设计步骤，理论计算方法，沿线工程地质条件，施工管理及施工组织设计	掌握	
			2	各类铁道工程的施工步骤准备、施工工艺、施工方法和检测技术	掌握	
			3	各种运营条件下铁路线路工程的养护及维修方法、工艺及标准，养护维修机械种类及工作方法	掌握	
			4	组织机构、劳动组织、相关规范及标准、质量与安全措施、工程管理措施、工程安排及工期、工程项目的合同与成本管理	熟悉	
11	毕业实习（2周）		1	结合毕业设计课题、调查同类已建或在建工程的实际情况	熟悉	结合毕业设计（论文）安排
			2	工程的设计要点、步骤，搜集资料	了解	
			3	工程施工方案的确定、工艺方法和施工设备的选择、施工组织与管理方案的选择	掌握	
			4	相关规范、标准等法规文件的使用	熟悉	

设计领域中的核心实践单元和知识技能点 **附表 2-4**

核心实践单元			知识与技能点		
序号	描述		序号	描述	要求
1	建筑工程方向课程设计	钢筋混凝土肋梁楼盖设计（1周）	1	楼盖结构梁板布置方法	掌握
			2	按塑性理论设计计算单向板	掌握
			3	按塑性理论设计计算次梁	掌握
			4	按弹性理论设计计算主梁	掌握
			5	楼盖结构施工图的绘制方法	掌握
2		钢结构设计（1周）	1	钢屋架形式的选择，钢材、焊条牌号的选择	掌握
			2	钢屋盖各种支撑的作用、布置原则及表达方式	掌握
			3	钢屋盖设计中荷载、内力的计算和组合方法	掌握
			4	钢屋架各杆件截面选择原则、验算的内容及计算方法	掌握
			5	钢屋架典型节点的设计计算方法及相关构造、焊缝的计算方法及构造	掌握
			6	钢桁架结构施工图的绘制方法	熟悉

续表

核心实践单元			知识与技能点		
序号	描述		序号	描述	要求
3	建筑工程方向课程设计	房屋建筑学（1周）	1	中小型公共建筑方案设计	熟悉
			2	绘制建筑平、立、剖面及局部大样图	掌握
4		单层工业厂房设计（2周）	1	单层厂房结构设计与工艺、建筑设计的关系，单层厂房的组成及结构布置的特点	了解
			2	各构件和支撑的作用、布置和连接，荷载的传递途径，结构整体工作的概念，国家建筑标准设计图集的应用方法	熟悉
			3	计算单元和计算简图的取用，荷载、内力的计算和组合方法	掌握
			4	排架柱及其牛腿的设计方法、相关构造要求及其作用	掌握
			5	柱下钢筋混凝土独立基础的设计方法及其构造措施	掌握
			6	绘制基础施工图、结构布置图、柱模板及配筋图、编制钢筋表	掌握
5		工程概预算（1周）	1	按照相应《工程计价表》中的计算规则进行详细的工程量计算	掌握
			2	按照相应《工程计价表》中的相应价格编制各分部分项工程的预算书	掌握
			3	按照相应地区的工程量清单计价程序和取费标准进行工程造价汇总	掌握
6		基础工程设计（1周）	1	设计资料分析及基础方案、类型的选择	熟悉
			2	地基承载力验算及基础尺寸的拟定、地基变形及稳定验算	掌握
			3	基础结构计算	掌握
7		施工组织设计（1周）	1	工程概况及施工特点分析、施工部署和施工方法概述	熟悉
			2	主要分部、分项工程施工方法，施工进度计划表，施工准备工作计划	掌握
			3	安全生产、质量工期保证措施和文明施工达标措施	掌握
			4	绘制施工现场总平面布置图	掌握
8	道路与桥梁工程方向课程设计	桥梁工程设计（2周）	1	钢筋混凝土简支板(梁)桥总体布置的一般方法和构造要求，材料强度等级、跨度和截面尺寸的合理选择	掌握
			2	钢筋混凝土简支板(梁)桥的设计方法、计算简图的取用、荷载横向分布系数的计算、冲击系数的计算、活荷载最不利布置、荷载的内力组合以及内力包络图的绘制	掌握
			3	受弯构件正截面和斜截面承载力的计算方法、梁板的构造要求和钢筋布置的方法，熟悉材料抵抗弯矩图的绘制和纵向钢筋的截断要求	掌握
			4	结构计算书的内容、形式和编制要求，结构施工图的绘制技能，准确表达设计意图	熟悉

续表

核心实践单元			知识与技能点		
序号	描述		序号	描述	要求
9	道路与桥梁工程方向课程设计	道路勘测设计（1周）	1	道路选线的一般方法和要求	熟悉
			2	平面设计三要素的组成与应用、平曲线要素的计算	掌握
			3	纵断面线形设计的原则、坡度线和竖曲线的计算、横断面设计的一般原则	掌握
			4	土石方数量计算方法	熟悉
			5	道路线形施工图的绘制，设计说明书的内容、形式和编制要求	熟悉
10		路基路面设计（1周）	1	路基横断面、路基干湿类型计算方法	熟悉
			2	用查表法确定路基回弹模量	熟悉
			3	路面等级和面层类型	熟悉
			4	各结构层材料设计参数的确定方法	了解
			5	路面设计弯沉值的计算	掌握
			6	拟定路面结构组合与厚度方案，轴载换算、确定路面厚度和拉应力验算的两种方法	熟悉
			7	新建公路路面厚度设计程序	掌握
			8	编写设计说明书和绘制路面结构图	熟悉
11		挡土墙设计（1周）	1	挡土墙结构类型选用及说明	熟悉
			2	挡土墙土压力计算、稳定性验算，基底应力及偏心距计算，墙身断面强度验算	掌握
			3	绘制挡土墙纵断面、平面、横断面详图，计算有关工程数量	掌握
12		桥梁施工组织设计（1周）	1	分析设计资料、工程概况及施工特点，确定施工方案及施工方法，施工部署和施工方法概述	熟悉
			2	下部、上部结构和特殊部位工艺流程和技术措施，编制资源需要量计划	掌握
			3	施工进度计划表、施工准备工作计划	掌握
			4	安全生产、质量工期保证措施和文明施工达标措施，设计并绘制施工现场总平面布置图	掌握
13		基础工程设计（1周）	1	设计资料分析及基础方案及类型的选择	熟悉
			2	地基承载力验算及基础尺寸的拟定、地基变形及稳定验算	掌握
			3	基础结构计算	掌握
14		工程概预算（1周）	1	按照相应《工程计价表》中的计算规则进行工程量计算	掌握
			2	按照相应《工程计价表》中的相应价格编制各分部分项工程的预算书	掌握
			3	按照相应地区的工程量清单计价程序和取费标准进行工程造价汇总	掌握

续表

<table>
<tr><th colspan="3">核心实践单元</th><th colspan="3">知识与技能点</th></tr>
<tr><th>序号</th><th colspan="2">描述</th><th>序号</th><th>描　　述</th><th>要求</th></tr>
<tr><td rowspan="4">15</td><td rowspan="17">地下工程方向课程设计</td><td rowspan="4">独立桩基础设计（2周）</td><td>1</td><td>柱脚荷载效应组合、选择桩的类型和几何尺寸</td><td>掌握</td></tr>
<tr><td>2</td><td>确定单桩竖向承载力特征值，确定桩的数量、间距和布置方式</td><td>掌握</td></tr>
<tr><td>3</td><td>验算桩基承载力、桩基沉降计算、承台设计</td><td>掌握</td></tr>
<tr><td>4</td><td>桩基础施工图的绘制</td><td>掌握</td></tr>
<tr><td rowspan="5">16</td><td rowspan="5">基坑支护设计（2周）</td><td>1</td><td>设计资料分析、基坑支护类型的选择</td><td>熟悉</td></tr>
<tr><td>2</td><td>土钉墙相关参数（土钉长度、间距等）的初步确定，稳定性验算和参数调整</td><td>掌握</td></tr>
<tr><td>3</td><td>由基坑稳定要求设计护坡桩（桩径、间距及桩长、配筋等）、锚杆（间距、长度及配筋），基坑变形验算</td><td>掌握</td></tr>
<tr><td>4</td><td>基坑施工要求及安全监测的设计</td><td>熟悉</td></tr>
<tr><td>5</td><td>基坑施工图绘制</td><td>掌握</td></tr>
<tr><td rowspan="4">17</td><td rowspan="4">地下建筑结构设计（2周）</td><td>1</td><td>地下工程的设计条件和依据、主体建筑结构选择、衬砌（支护）结构形式选择</td><td>熟悉</td></tr>
<tr><td>2</td><td>外部荷载计算、主要结构的力学计算及校核、配筋计算等</td><td>掌握</td></tr>
<tr><td>3</td><td>梁、板、柱等主要构件的设计与计算</td><td>掌握</td></tr>
<tr><td>4</td><td>建筑结构设计图的绘制</td><td>掌握</td></tr>
<tr><td rowspan="3">18</td><td rowspan="3">地下工程施工（1周）</td><td>1</td><td>对掘进和支护工序施工方案的选择、施工工艺与方法的设计、施工设备的选择</td><td>熟悉</td></tr>
<tr><td>2</td><td>提升、运输、压气供应、通风、供水、排水等辅助系统的设计</td><td>掌握</td></tr>
<tr><td>3</td><td>工程质量与安全措施的编制、施工方案图绘制</td><td>掌握</td></tr>
<tr><td rowspan="3">19</td><td rowspan="3">地下建筑规划设计（1周）</td><td>1</td><td>典型的地下建筑工程所在地的环境条件，工程地质与水文条件，主要设计依据，主要结构形式，主体工程的长度、宽度和高度等主要尺寸的确定</td><td>掌握</td></tr>
<tr><td>2</td><td>通道、出口部等主要附属工程的结构形式与净空尺寸确定</td><td>掌握</td></tr>
<tr><td>3</td><td>平面图及相关的剖面图的绘制</td><td>掌握</td></tr>
<tr><td rowspan="7">20</td><td rowspan="7">铁道工程方向课程设计</td><td rowspan="3">轨道无缝线路设计（2周）</td><td rowspan="3">1</td><td>路基、桥上无缝线路设计的基本原理、方法和步骤</td><td>掌握</td></tr>
<tr><td>通过计算确定路基上无缝线路的允许降温和升温幅度、确定中和轨温（即无缝线路设计锁定轨温）</td><td>掌握</td></tr>
<tr><td>计算单跨简支梁位于固定区的钢轨伸缩附加力，确定桥上无缝线路锁定轨温</td><td>掌握</td></tr>
<tr><td rowspan="4">线路设计（2周）</td><td rowspan="4">2</td><td>根据给定的客货运量，确定主要技术标准，求算区间需要的通过能力，计算站间的距离，进行车站分布计算</td><td>掌握</td></tr>
<tr><td>线路走向选择及平纵断面设计</td><td>掌握</td></tr>
<tr><td>工程量和工程费用计算</td><td>掌握</td></tr>
<tr><td>平纵断面图的绘制、编制设计说明书</td><td>掌握</td></tr>
</table>

续表

核心实践单元			知识与技能点		
序号	描述		序号	描　述	要求
20	铁道工程方向课程设计	路基横断面设计(1周)	3	设计资料分析、确定路基形式及高度	掌握
				确定路基面宽度及形状、基床厚度	掌握
				路基填料设计、路基边坡坡度确定	掌握
				路堤整体稳定性验算及路堤边坡稳定性验算	掌握
		铁道工程施工组织设计(1周)	4	分析设计资料、工程概况及施工特点，按结构形式确定施工方案及施工方法	熟悉
				根据轨道或路基结构形式确定工艺流程和技术措施、编制资源需要量计划	掌握
				施工进度计划表、施工准备工作计划	掌握
				安全生产、质量工期保证措施和文明施工达标措施，设计并绘制施工现场总平面布置图	熟悉
		路基支挡结构设计(1周)	5	设计资料分析、确定路基横断面尺寸、初步拟定挡土墙高度	掌握
				支挡结构荷载分析、拟定挡土墙尺寸并进行土压力计算	掌握
				挡土墙的稳定性验算和截面应力检算	掌握
		铁路车站(1周)	6	分析资料、铁路区段站设计的各主要环节、分析区段站各项设备相互位置、选择车站类型	掌握
				确定各项运转设备数量、咽喉设计及计算	掌握
				坐标计算、绘图、编写说明书	掌握
21	毕业设计(14周)		工程设计型 1	工程设计的基本程序和方法、设计资料的调研和收集	掌握
			2	依据使用功能要求、经济技术指标、工程地质和水文地质条件等，进行结构选型、结构布置、纵横断面、选线、附属工程设计及设施布置等方案的确定	掌握
			3	利用手工和计算机进行理论分析、设计计算和图表绘制，正确运用工具书和相关技术规范	掌握
			4	技术文件的编写、外文资料的翻译	熟悉
			施工设计型 1	工程的设计概况、工程所在地的自然与环境条件、工程地质与水文情况、施工准备工作及施工场地布置	掌握
			2	主要分项工程的施工方案、施工工艺与方法，主要施工设备选择与计算及设备的布置	掌握
			3	有关施工结构物的设计与计算	掌握
			4	施工质量与安全措施、施工组织与管理	掌握
			5	技术文件的编写、外文资料翻译	熟悉
	毕业论文(14周)		1	选题背景与意义、研究内容及方法、国内外研究现状及发展概况	了解
			2	利用有关理论方法和计算工具以及实验手段，初步论述、探讨、揭示某一理论与技术问题	掌握
			3	主要研究结论与展望	掌握
			4	论文的撰写、外文资料翻译	熟悉

附件三

推荐的建筑工程、道路与桥梁工程、地下工程、铁道工程方向知识单元

建筑工程方向推荐的知识单元(264 学时)　　附表 3-1

知识领域		知识单元		推荐课程	推荐学时
序号	描述	序号	描述		
1	结构基本原理和方法	1	建筑设计概述	房屋建筑学	40
		2	建筑物理环境基础		
		3	建筑平、立、剖面设计		
		4	工业建筑设计		
		5	建筑构造概述		
		6	基础、墙体构造		
		7	楼面、屋面构造		
		8	楼梯和电梯、门窗、变形缝		
		9	建筑饰面、防水		
		10	建筑保温、隔热与隔声		
		1	混凝土结构设计的程序与分析方法	混凝土结构设计	56
		2	混凝土楼盖和楼梯及雨篷设计		
		3	混凝土单层厂房结构设计(含抗震)		
		4	混凝土框架结构设计(含抗震)		
		1	轻型门式刚架钢结构设计	钢结构设计	48
		2	普钢厂房结构设计		
		3	大跨屋盖钢结构设计		
		4	多层及高层房屋钢结构设计(含抗震)		
		1	砌体材料及其力学性能	砌体结构	32
		2	砌体结构的设计原理		
		3	无筋砌体构件承载力计算		
		4	配筋砌体构件承载力计算		
		5	混合结构房屋墙体设计		
		6	圈梁、过梁、墙梁、挑梁		
		1	高层建筑结构概述	高层建筑结构设计	32
		2	结构体系与结构布置		
		3	计算分析和设计要求		
		4	混凝土剪力墙结构设计(含抗震)		
		5	混凝土框架-剪力墙结构设计(含抗震)		
		6	支撑框架钢结构设计		
		7	其他高层建筑结构设计简介		

续表

知识领域		知识单元		推荐课程	推荐学时
序号	描述	序号	描 述		
2	施工原理和方法	1	砖混结构施工	建筑工程施工	32
		2	现浇混凝土施工		
		3	单层厂房结构安装		
		4	多层装配式结构安装		
		5	钢结构安装		
		1	建筑工程定额原理	建筑工程造价	24
		2	建筑工程预算定额及费用		
		3	工程量清单计价		
		4	施工图预算		
		5	设计概算		
		6	招标控制价及投标报价		
		7	工程预算管理		

道路与桥梁工程方向推荐的知识单元(264学时)　　附表 3-2

知识领域		知识单元		推荐课程	推荐学时
序号	描述	序号	描 述		
1	结构基本原理和方法	1	河流概述	桥涵水文	16
		2	水文统计的基本原理和方法		
		3	桥涵设计流量及水位推算		
		4	大中桥位及小桥涵勘测设计		
		5	桥梁墩台冲刷计算		
		1	道路勘测设计概述	道路勘测设计	40
		2	道路平面设计		
		3	纵断面设计		
		4	横断面设计		
		5	选线、定线		
		6	道路平面交叉设计		
		1	路基土特性及行车荷载	路基路面工程	48
		2	路基设计		
		3	挡墙设计		
		4	路基排水设计		
		5	路面工程概述		
		6	半刚性基层		
		7	沥青路面设计与施工		
		8	混凝土路面设计与施工		

续表

知识领域		知识单元		推荐课程	推荐学时
序号	描述	序号	描　述		
1	结构基本原理和方法	1	桥梁工程概述(含混桥、钢桥)	桥梁工程	96
		2	混凝土梁式桥设计		
		3	污工和混凝土拱桥设计		
		4	钢板梁桥设计		
		5	钢桁架桥设计		
		6	桥梁墩台设计		
		1	地震、桥梁震害及抗震概述	桥梁抗震、抗风设计	16
		2	桥梁工程抗震设计		
		3	桥梁减隔震设计		
		4	桥梁的抗风稳定性		
		5	桥梁抗风概念设计		
2	施工原理和方法	1	桥梁施工方法与施工设备	道路桥梁工程施工技术	32
		2	桥跨结构施工		
		3	桥梁下部结构施工		
		4	桥梁施工控制与组织设计		
		5	道路土质路基和石质路基的施工		
		6	道路基层施工		
		7	沥青路面和水泥混凝土路面施工		
		1	道路桥梁工程定额原理	道路桥梁工程概预算	16
		2	道路桥梁工程预算定额及费用		
		3	施工图预算		
		4	设计概算		
		5	招标标底及投标报价		
		6	工程预算管理		

地下工程方向推荐的知识单元(264学时)　　　**附表 3-3**

知识领域		知识单元		推荐课程	推荐学时
序号	描述	序号	描　述		
1	力学原理与方法	1	岩石的物理性质	岩石力学	40
		2	岩石的强度性质		
		3	岩石的变形性质		
		4	岩体应力		
2	结构基本原理和方法	1	土层地下建筑结构设计概要	地下结构设计	48
		2	附建式地下结构		
		3	矩形闭合框架结构		

续表

知识领域		知识单元		推荐课程	推荐学时
序号	描述	序号	描　述		
2	结构基本原理和方法	4	地道式结构	地下结构设计	
		5	沉井结构		
		6	盾构法装配式圆形衬砌结构		
		7	沉管结构		
		8	引道结构		
		1	隧道的发展和分类	隧道工程	48
		2	隧道勘察		
		3	隧道平面、纵面、横面设计		
		4	隧道结构构造		
		5	隧道围岩分级和围岩压力		
		6	隧道衬砌结构的计算		
		1	边坡工程概述	边坡工程	32
		2	边坡的破坏类型、特征及机理		
		3	边坡设计的基本资料及基本原则		
		4	边坡的地质勘探方法		
		5	边坡稳定性分析与评价方法		
		6	边坡工程防护技术及加固处理方法		
		1	隧道通风	通风安全与照明	32
		2	隧道照明		
		3	隧道防火		
3	施工原理和方法	1	隧道施工	地下工程施工技术	40
		2	立井井筒施工		
		3	倾斜坑道施工		
		4	掘进机施工		
		5	盾构法施工		
		6	顶管法施工		
		7	沉管法施工		
		8	地下工程辅助工法		
		1	岩土原位测试技术	岩土工程测试技术	24
		2	岩土工程现场监测技术		

铁道工程方向推荐的知识单元(264学时)　　**附表3-4**

知识领域		知识单元		推荐课程	推荐学时
序号	描述	序号	描　述		
1	结构基本原理和方法	1	铁路能力与牵引计算	线路设计	48
		2	线路平面和纵断面设计		
		3	铁路定线及方案技术经济比较		

续表

知识领域		知识单元		推荐课程	推荐学时
序号	描述	序号	描 述		
1	结构基本原理和方法	4	既有线能力加强和改建增建复线设计	线路设计	
		5	城市轨道交通规划与设计		
		1	轨道结构及组成	轨道工程	48
		2	轨道几何形位		
		3	轨道结构力学分析		
		4	道岔设计		
		5	无缝线路		
		6	线路养护与维修		
		7	城市轨道交通轨道结构		
		1	路基的一般设计	路基工程	48
		2	土的压实原理和路基填筑质量控制		
		3	路基受力和变形		
		4	路基排水与防护		
		5	路基边坡的稳定性		
		6	路基支挡结构		
		7	特殊土、特殊地段路基设计		
		1	桥梁设计荷载	桥梁工程	32
		2	钢筋混凝土简支梁		
		3	预应力混凝土简支梁		
		4	混凝土连续体系梁桥		
		5	刚构桥		
		6	桥梁支座、桥墩与桥台		
		7	桥涵水位		
		8	地道桥与涵洞		
		1	隧道工程勘测设计及主体建筑结构	隧道工程	24
		2	围岩分级与围岩压力		
		3	隧道支护结构计算方法		
		4	隧道施工方法		
		5	隧道掘进机开挖技术		
		6	隧道的营运与养护维修		
		1	车站总体规划、站址选择、站房布置、与既有线衔接原则	铁路车站	24
		2	站房平面、立面、空间布局及流线组织，车站交通及客流组织		
		3	高速车场总体布局、客运设备、线路配置方式和原则		
		4	车场高峰时段列车接续方案及能力图解分析、车场设计评估理论及全天候技术作业动态仿真技术		
		5	车场线路设计标准		

续表

知识领域		知识单元		推荐课程	推荐学时
序号	描述	序号	描述		
2	施工原理和方法	1	铁路路基施工技术	道路与铁道工程施工及测试技术	40
		2	铁路桥涵施工技术		
		3	铁路隧道施工技术		
		4	铁路轨道施工技术		
		5	铁路混凝土与砌体工程施工技术		
		6	铁路轨道测试技术		

《高等学校土木工程本科指导性专业规范》
条文说明

1　土木工程专业的学科基础

1.1　土木工程专业的主干学科

按教育部1998年颁布的《普通高等学校本科专业目录》，土木工程本科专业属于工学门类的土建类专业，代码为080703，与建筑学、城市规划、建筑环境与设备工程、给水排水工程并列。在本科引导性专业目录中，土木工程(080703Y)涵盖土木工程、给水排水工程、水利水电工程。在国务院学位委员会颁布的研究生教育目录中，土木工程学科一级学科下设有岩土工程、结构工程、市政工程、供热供燃气通风及空调工程、防灾减灾工程及防护工程、桥梁与隧道工程六个二级学科。

1.1.1　专业的任务和社会需求

土木工程涉及相当广泛的技术领域。建筑工程、交通土建工程、井巷工程、水利水运设施工程、城镇建筑环境设施工程、防护工程等，都属于广义的土木工程范围。此外土木工程还包括：减少和控制空气和水的污染、旧城改造、城市的供水、高速地面交通系统等，这些基础设施的建设都是土木工程师所涉及的技术领域。大坝、建筑、桥梁、隧道、公路和港口等设施的建设还关系到自然环境与人类需求之间的和谐。经过多年的发展演变，今天的土木工程已被分为许多分支，如：结构工程、水利与水资源工程、环境工程、路桥工程、测量工程和岩土工程等。

土木工程在今后相当长的阶段会面临更大的挑战：人类对自身居住、出行质量要求的提高，活动范围向天空、地下的拓展，对已有基础设施的维护和升级，最大限度减少自然灾害带来的危害等，都会使土木工程专业长久不衰、不断更新。

土木工程专业培养的人才面向工程建设的各个环节，即：收集数据、计划或者规划、设计、经济分析、现场施工以及日常运营或维护。培养的毕业生可以从事工程的理论分析、设计、规划、建造、维护保养和管理、研究及教学等方面的工作。目前，我国土木工程专业的毕业生经过规定的职业训练，可以报考注册结构工程师、注册土木工程师(岩土)、土木工程师(道路工程)、建造师、监理工程师、造价工程师、注册咨询工程师、注册安全工程师等。根据市场预测，土木工程专业的毕业生在相当长的时期内有广泛的就业前景。

1.1.2　土木工程专业高等教育的发展历史与主要特点

我国土木工程高等教育已经有一个多世纪的历史。1895年天津北洋西学学堂的铁路专科是中国最早一所培养土木工程人才的学校；1896～1911年创办的山海关北洋铁路官学堂(唐山路矿学堂、唐山铁道学院、西南交通大学的前身)、南洋公学、山西大学堂、南京高等实业学堂、同济德文医学堂、清华学堂等都是较早设立土木工程学科的学校。到1949年，中国已有20多所公立和私立的高等院校设有土木工程专业，规模、学制不一，培养了一大批土木工程专业人才。

新中国成立后，中央人民政府学习前苏联的办学模式举办五年制的土木工程大学本科教育，课程设置主要有工程地质勘查、大地测量、力学、工程制图、砖木结构与混凝土结构设计等，当时的教学偏重于应用及学生能力的训练和培养。毕业生主要在铁路、交通、建筑、水利等部门任职。土木工程教育经历了1952年的院系调整，选派教师到前苏联攻读副博士学位，突击学习俄文，扩大招生，开办速成培训班等过程，土木工程本科教育进入了平稳发展阶段。1956年教育部组织力量起草全国性的工业与民用建筑专业指导性教学计划，1962年再次进行修订，同时开始组织制订全国统一的教学计划和编写统编教材。这个阶段土木工程专业出版了许多经典教材。据不完全统计，截至1966年，全国有40多所学校举办土木工程专业，17年里共培养了上万名优秀毕业生。这个时期的土木工程专业主要囊括建筑工程、铁路铁道工程、道路桥梁工程、港口工程等，以建筑工程培养人数最多。1958年以后高等教育陆续经历两年多的反右派斗争、“总路线、大跃进、人民公社”三大运动和十年文化大革命，土木工程专业教育和全国一样，进入了一个停滞发展、甚至倒退的特殊时期。

1978年，国家实施改革开放并恢复高考，土木工程专业的本科教育开始走上正轨。随着国家基本建设的快速发展，土木工程人才需求大量增加，许多学校设置了建筑工程、城镇建设、道路桥梁和地下建筑工程等专业，毕业生就业后也从单一的技术岗位逐渐扩展到工程建设、政府部门甚至金融机构的管理岗位。高校招生、就业制度改革和收费制度改革对土木工程专业人才培养目标和定位提出了新的要求。20世纪80年代中后期，土木工程专业在学分制改革等方面取得了许多成效，专业口径开始变宽、课程体系接受西方教育模式的影响、采用先进的教学方法授课、强调重视实践性教学环节等。1998年，建设部和全国高校土木工程专业评估委员会积极与英国土木工程师学会(ICE)、结构工程师学会(IStructE)交流，达成了双方学位互认的协议。

“文化大革命”结束后，在改革开放的背景下，高等教育取得前所未有成绩的同时，也受到了以美国为代表的通才教育的冲击。到20世纪90年代初，国家开始对专业目录逐步进行调整。1993年，工业与民用建筑专业与其他专业合并拓宽为建筑工程专业。

1998年教育部进行新一轮专业目录调整，将矿井建设、建筑工程、城镇建设(部分)、土木工程、交通土建工程、工业设备安装工程、饭店工程、涉外建筑工程八个专业合并为土木工程专业。为配合新一轮专业目录调整，基础知识进一步拓宽。增设流体力学、工程地质、经济管理类等课程。课内学时由3200学时减少至2500学时。专业指导委员会积极推行“大土木”的专业内涵和培养方案，并在20世纪末开始连续举办了十届的土木工程学院院长(系主任)工作会议上广泛交流办学经验。专业指导委员会工作会议和院长(系主任)会议一起召开，共同研究土木工程专业高等教育面临的主要问题及对策，交流教学改革的成果，推动了全国高校土木工程专业人才培养质量不断提高。中国土木工程学会教育工作委员会还对全国范围内选出的优秀毕业生进行颁奖。2002年我国高等学校土木工程学科专业指导委员会为土木工程专业制定了指导性文件，包括“土木工程专业本科教育(四年制)培养目标和培养方案”等，其中建议的专业基础课程构成了土木工程专业共同的专业平台，教学内容是土木工程专业本科学生应当具备的知识基础。进入21世纪以后，国家在高速公路、城市地铁、桥梁隧道以及超高超大建筑方面的投入大幅增加，土木工程专业的人才需求在量和质两个方面都得到了快速发展、提高。

1.1.3 专业的现状及主要特点

据不完全统计，截至2010年，全国有400余所大学设置土木工程专业，在校生30余万人。所设置的专业方向有建筑工程、地下工程、桥梁工程、道路工程、岩土工程、铁路与城市铁道工程、矿井建设等。大多数学校设置了其中两个以上的专业方向，有的学校多达7个以上。在400余所大学里，有相当一部分高校是2002年后新办土木工程专业的，这些学校本科生招生数量一般较大。

当前土木工程专业教学改革在以下方面形成热点：强化工程教育的改革与实践；充分利用电子化、网络化教学的优质资源实施教学；搭建精品课程平台推动课程内容和教学方法的改革；大力推进特色专业建设，优化师资队伍的结构与水平；重视毕业设计等实践性环节等。已经在“土木工程专业人才培养方案”、“教学内容和课程体系改革的研究与实践”和“加强专业人才培养实践教学环节的主要措施”等方面进行探索和实践，取得了一批重要成果。

截至2011年，通过土木工程专业教育评估的学校有58所，占设置该专业高校的14%左右。这些评估通过学校分为有效期八年(18所)和有效期五年(40所)两种。2003年以来，土木工程专业的专业基础课和专业课中已建成国家级精品课程60余门，其中混凝土结构课程7门，钢结构课程5门，施工类课程7门。

1.1.4 专业发展战略

根据国家“中长期教育改革和发展规划纲要”的要求，今后若干年内土木工程专业要注重提高人才培养质量，加强实验室、校内外实习基地、课程教材等教学基本建设，深化教学改革，强化实践教学环节，推进创业教育，全面实施高校本科教学质量与教学改革工程。

(1) 高校应满足行业企业对土木工程高级专门人才的需求。今后相当长一个时期，全球人口压力将持续增长，城市化进程具有巨大的空间，基础设施需大量更新，人类要应对各种自然灾害的侵扰，交通系统和设施将不断持续拓展，地下生活空间将大量开发、利用，所有这些都对我国土木工程专业人才需求不断提出新的挑战。工程建设需要大量设计、施工、研究、开发、检测、修复、管理等方面的人才。因此，必须及时跟踪行业发展需求，整合教学内容，更新知识体系，开拓新的课程。

(2) 需更加重视大学生的实践能力，突出创新意识、创新思维、创新能力的培养。“创新是民族进步的灵魂，是一个国家兴旺发达的不竭动力。”设置土木工程专业的各高校需不断完善培养方案，优化教学计划，在理论教学和实践训练之间找好结合点。加强学生实践能力的训练，将试验、实习、设计等实践环节作为知识传授、技能训练和创新培养的载体。今后一个时期，迫切需要在中青年教师创新实践能力的提高、校内外实践基地的建设与管理、创新平台的建设与完善等方面有所突破。

(3) 进一步规范新办土木工程专业的高校在硬件和软件两个方面的建设。全国设置土木工程专业的高校中多于半数是2002年以后新办的。这些学校的土木工程专业招生量一般比较大，在实验室、图书资料、师资建设等方面投入不够，专业教育管理经验不足。今后一个时期，土木工程专业指导委员会和评估委员会需搭建更多的交流平台，重点加强对他们的指导，使其尽快满足专业评估标准的基本要求，并办出特色。

(4) 鼓励在宽口径基础上办好土木工程专业。由于历史原因，过去我国大多数高校隶属于行业主管部门，长期在道桥工程、地下工程、矿井建设、建筑工程中的某一个方向设置土木工程专业。今后一段时间内，需按照国家专业设置的要求强化宽口径土木工程专业的建设，采取措施吸引他们按照新的专业规范进一步规范专业设置，拓宽专业口径，以满足国家经济建设对人才的需求。

(5) 加强特色专业和精品课程、规划教材建设。专业指导委员会要以与国际土木工程教育接轨为目标，进一步加强国际合作交流，在优势特色专业建设上进行分类指导。各校要在团队建设的基础上加强对专业基础课和专业课的建设力度。专业指导委员会也要引导出版社组织编写更多宽口径、反映教学改革的系列优秀教材。

1.2 土木工程专业的相关学科

1.2.1 工程力学(081701)

工程力学属工学的工程力学类专业，是研究有关物质宏观运动规律及其应用的科学。工程给力学提出问题，力学的研究成果改进工程设计思想。从工程上的应用来说，工程力学包括：质点及刚体力学、固体力学、流体力学、流变学、土力学、岩体力学等。其中固体力学包括材料力学、结构力学、弹性力学、塑性力学、复合材料力学以及断裂力学等。工程力学用力学的一般原理研究各种作用对各种形式的土木建筑物的影响，广泛应用于土木工程。

该专业培养具备力学基础理论知识、计算和试验能力，能在各种工程(如机械、土建、材料、能源、交通、航空、船舶、水利、化工等)中从事与力学有关的科研、技术开发、工程设计和教学工作的高级工程科学技术人才。毕业生可在机械、土木、水利工程类企、事业单位从事设计、计算和强度分析、软件设计、科研、教学等工作。

1.2.2 水利水电工程(080801)

水利水电工程属工学的水利类专业，以水文学、水力学、河流动力学、工程地质等为学科基础，它的工程对象是水利枢纽、挡水建筑物和泄水建筑物、取水和输水建筑物、水电站建筑物、过坝建筑物等各种规模的工程项目。

水利水电工程专业主要学习水利水电工程建设所必需的数学、力学和建筑结构等方面的基本理论和基本知识，使学生掌握工程力学、流体力学、岩土力学、工程地质、工程测量、工程水文学、河流动力学、管理学等基本理论、基本知识；掌握工程结构设计的基本理论、知识和技能；掌握大中型水利水电枢纽、河道治理工程的勘测、规划、设计、施工和管理技术。经过学习，学生得到必要的工程设计方法、施工管理方法和科学研究方法的基本训练，具有水利水电工程勘测、规划、设计、施工、科研和管理等方面的基本能力。该专业培养具有工程力学、工程结构、水工建筑、水电站等水利工程方面的基本理论和基本知识的高级工程技术人才。

2 土木工程本科指导性专业规范遵循的原则、知识体系和学时

2.1 专业规范遵循四项原则

根据教育部高教司理工处有关通知的精神，土木工程本科指导性专业规范遵循四项原则：(1)“多样化与规范性相统一”原则，既坚持统一的专业标准，又允许学校多样性办学，鼓励办出特色；(2)“拓宽专业口径”原则，主要体现在专业规范按照大土木的专业基础知识要求构建宽口径的核心知识，但不要求学生同时学习两个课群组的专业课程；(3)“规范内容最小化”原则，体现在专业规范所提出的核心知识和实践技能占用总学时比例尽量少，为学校留有足够的办学空间，有利于推进教改；(4)“核心内容最低标准”原则，主要是指本专业规范面向大多数高校的实际情况提出基本要求，不要求所有学校向国内高层次学校看齐。

2.2 专业规范的知识体系

2.2.1 知识体系

土木工程专业的知识体系分为工具知识体系、人文社科知识体系、自然科学知识体系和专业知识体系四部分。各知识体系由知识领域、知识单元和知识点三个层次组成。

对于工具知识体系、人文社科知识体系和自然科学知识体系，有关基础学科专业指导委员会有具体的教学要求，土木工程学科专业指导委员会不再专门制定相关内容，本专业规范仅列出了它们的知识领域，没有进一步细化。

专业知识体系由六个知识领域组成。它们是：(1)力学原理和方法知识领域；(2)专业技术相关基础知识领域；(3)工程项目经济与管理知识领域；(4)结构基本原理和方法知识领域；(5)施工原理和方法知识领域；(6)计算机应用技术知识领域。每个知识领域包含若干个知识单元，它们分成核心知识单元和选修知识单元两种。本专业规范仅规定核心知识单元，见附件一。

2.2.2 核心知识

核心知识单元的集合是专业必修的基本内容。每个核心知识单元又包括若干个知识点，知识点是专业规范对专业知识要求的基本元素和基本载体。对于知识点的具体要求，用“掌握”、“熟悉”、“了解”来表达。

2.2.3 选修知识

专业规范规定的核心知识单元以外的部分为土木工程专业的选修知识。它体现了土木

工程专业各个方向的要求和学校的特色，本专业规范在附件三列举了一些推荐的选修知识单元供学校制定教学计划时参考。

2.2.4 专业方向

土木工程的专业方向虽然比较多，但最主要的还是建筑工程、道路与桥梁工程、地下工程、铁道工程四个方向。本专业规范仅对这四个专业方向提出实践教学体系的安排以及推荐的选修专业知识单元，其他专业方向不在规范中介绍，由学校、学院根据有关要求自行设置。一些学校对这四个方向进行拆分或组合，组合成具有特色的专业方向。例如，道路与桥梁工程分为道路工程和桥梁工程两个不同的专业方向、岩土与隧道相结合的专业方向、矿井建设的地上建筑与地下结构相结合的专业方向等，这些都是允许的。

2.3 推荐课程和推荐学时

本专业规范强调，专业教学的内容由知识体系、知识单元和知识点构成。这种不同于用课程名称表达的方式，能更好地避免课堂教学中知识的重复或遗漏。

另一方面，专业教学可以有多种方式把知识点组合成课程。专业规范不规定学校的课程设置，仅采用推荐的方式提出 21 门专业基础课程名单，但这些推荐的课程必须涵盖规定的 107 个核心知识单元及相应的 425 个知识点(见附件一附表 1 2)。就是说，专业规范对核心知识的要求是刚性的，这些核心知识可以在推荐的课程中得到体现。这些推荐的课程由力学原理与方法知识领域中的 5 门课程、专业技术相关基础知识领域的 6 门课程、工程项目经济与管理的 3 门课程、结构基本原理和方法的 4 门课程和施工原理和方法的 2 门课程组成(也可以叫做“65432”；在课程安排中，一般计算机应用技术知识领域穿插在各个环节中学习，不集中安排)。这些课程一般涵盖“大土木”专业基础的核心知识，是建筑工程、道桥工程、地下工程、岩土工程等专业方向共同的必备知识。

同样，专业规范也不规定完成每个核心知识单元的学时和学分。在不同的学校，完成每个知识点要求(“掌握”、“熟悉”或“了解”的程度)所需要的学时不一定是相同的。按照“核心内容最低标准”和“规范内容最小化”原则，制定专业规范时的参考学时定为 2500 学时。规范各部分推荐学时的构成见专业规范表 1-1。

3 课程体系与教学计划

专业规范允许且鼓励各校根据专业方向的设置、师资的结构和水平、学生的基础等实际情况自行设计课程体系并以此制定教学计划。专业规范从基础课到专业课，从理论教学到实践教学，都应当对知识进行扩展以增加选修内容。这些选修学时可用于对规范规定的核心知识进行扩展，也可以在规范之外增加新的知识单元或知识点。

课程体系的设计和教学计划的制订是一项复杂的系统工程，它不但与本校的专业设置和办学条件有关，还与本校的教育理念和传统教学方式相联系。培养方案要考虑将课堂教学的组织、实践环节的构成和创新训练的构思等第一、二课堂所有的教育环节整合到一起，形成一个完整的、开放的、有特色的人才培养方案，完全没有必要照抄其他学校的专业教学计划。

4 专业教育实践体系

强化实践、重视能力培养是专业规范的重点。专业规范的核心内容最小化并不意味降低实践教学的要求。实践教学的目的是培养学生具有：(1)实验技能；(2)工程设计和施工的能力；(3)科学研究的初步能力等。土木工程专业实践体系包括实践领域、实践单元、知识与技能点三个层次。

4.1 实验、实习和设计领域

各种实验，不仅训练技能，也可供学生学习和巩固理论知识。实验领域包括基础实验、专业基础实验、专业实验及研究性实验四个环节，研究性实验作为能力拓展的培养环节，在规范里不作统一要求，但是在培养方案里应该有所体现。

认识实习的内容比较广泛，目的在于增强学生对主要工程类型的感性认识，提高学习兴趣。课程实习是结合课程教学进行的专项实习，主要有工程地质、工程测量和另外一门与专业方向相关的课程实习。生产实习和毕业实习也是核心内容，与专业方向的学习要求有关。

毕业设计是非常重要的实践环节。由于专业方向之间的差异性很大而不能作统一规定，专业规范只提出学习目标的原则要求。

4.2 专业规范对实践的要求

本专业规范的实践体系主要规定本科学生应该学习和掌握的基本实践知识和基本技能，是土木工程专业的最低要求。附表2-1中实践体系的推荐周数也是最低参考时间，加上军训、社会实践等实践周数，大约在40周以内。不同层次、不同类型的学校可在这个最低要求基础上增加内容，制订本校的实践教学的要求。

5 专业规范对创新的要求

专业规范对创新提出了明确的原则要求。各高校必须认识到创新思维、创新方法和创新能力是土木工程专业培养目标的重要方面，需高度关注创新训练的实际效果。

新办院校也应该有创新型人才培养的要求。培养高级专门人才需要进行严格的设计训练，而设计能力是创新型工程科技人才的核心能力。土木工程专业的毕业生既要在工程改革方面发挥作用，又要在工程应用方面有所创造。无论设计、施工，还是管理，都面临着如何把其他场所的工程经验成功应用于“本案”创造性的人工再造。

培养创新型人才是对教学组织管理者的挑战。国家十分强调理工科专业的人才在知识、能力、素质各方面的协调发展，专业规范特别强调土木工程专业学生创新思维、创新方法和创新能力的培养，以知识体系和实践体系为载体，选择合适的知识单元和实践环节，提出创新思维、创新方法、创新能力的训练目标，构建成为创新训练单元。学校可以开设创新训练的专门课程，如创新思维和创新方法、本学科研究方法、大学生创新性实验等，这些创新训练课程也应纳入培养计划。各校(院)要精心设计课程体系，不断进行教学改革，把课内教学和课外活动有机结合起来。培养创新型人才是每个教师的职责，教师要通过课堂教学和实践训练，启发、调动学生的创新欲望，逐步培养他们的创新能力。

6 专业规范的办学条件要求

土木工程本科指导性专业规范提出了师资、实验室、办学经费等办学条件的最低要求，这些是保证办学质量的起始条件。例如，要求有经验丰富的教师主持教学管理工作；教师队伍中有工程实践经历的专兼职教师要占一定比例；基础课和专业基础课教师应能在数量和教学能力上满足土木工程专业教学的需要等。这些要求主要是针对目前国内土木工程专业的实际情况制定的。

专业规范还要求学生所使用的教材既要全面覆盖核心知识，又要符合校情。专业规范要求专业方向的教材或讲义应形成系列，满足培养方案和教学计划的要求，符合学校的办学特色；由于基础课程的重要性，建议尽量选用省部级甚至国家级规划教材以保证教学质量。专业规范对专业资料室的图书资料数量和利用率提出了要求，这些资料包括规范、规程、指导书、工程设计图集、历届学生的优秀设计作品等。

“专业实验室生均仪器设备费需达到0.4万元以上”和“新办专业开办经费不低于生均1万元”是双控要求，旨在保证学校对专业必要的投入。

为了避免四项教学经费支出结构不合理，专业规范要求本科业务费和教学仪器维修费需占四项教学经费的80%及以上。

《高等学校土木工程本科指导性专业规范》研制情况说明

● 2007～2008年，在住房和城乡建设部人事司的支持下，高等学校土木工程学科专业指导委员会组织专家对“土木工程专业办学状况及社会对专业人才需求”进行了详尽的研究，其中包括：

（1）我国高校土木工程专业教育现状调查分析；

（2）国内用人单位对土木工程专业的人才需求和办学要求调查分析；

（3）国外各层次院校土木工程专业办学情况调查分析；

（4）不同类型专业人才社会需求的调研分析。

● 2008年专业指导委员会组织委员对“应用型土木工程专业标准”和“高等教育土木工程专业不同类型专业人才培养目标”进行了专项研究。其中包括：人才培养目标定位的研究；应用型土木工程专业标准的研究；对计算机专业、电气工程及其自动化专业标准的分析思考；技术应用型本科办学定位的特征分析；应用型本科高校发展定位的思考；执业资格论证的基本要求等。

研究项目最终形成了研究报告，并于2008年11月在南京召开的专业指导委员会全体会议上做了汇报。研究成果作为“土木工程本科指导性专业规范”制定的依据之一。

● 在以上研究工作基础上，2008年11月专业指导委员会选派苏州科技学院何若全等组成研究小组，对“土木工程应用型人才专业规范”进行研究，并随后申报了住房和城乡建设部高等教育教学改革项目。住房和城乡建设部人事司在2009年初下达项目委托书，确定此课题为住房和城乡建设部教学改革重点课题。随后于2009年2月、4月、6月，分别在苏州、上海召开多次会议，确定专业规范的框架、重点、表达形式和主要问题等，取得了比较顺利的进展。

● 2009年8月，课题组在井冈山大学召开课题研讨会，与会人员包括建筑工程、道路工程、铁道工程、矿山建筑、地下工程等方面的专家。会议重点对各个方向在专业选修知识中的表述形成了十分有价值的意见，会后形成了专业规范的“讨论稿”。

● 2009年9月在兰州召开的专业指导委员会第四届五次会议上，课题组向全体委员汇报了研究进展和初步成果，专业指导委员会对专业规范的“讨论稿”进行了研讨。会议作出决定，把专业规范的研制作为专业指导委员会2009年和2010年的工作重点。

● 2009年12月专业指导委员会在厦门召开专题会议，邀请部分专家进一步对专业规范“讨论稿”进行研讨。与会专家部分为土木学院(系)的负责人，部分为基础课和专业课的任课教师。专家们对专业规范的核心知识单元和知识点作了重点讨论。会后形成的新

“讨论稿”吸纳了其中的大部分意见，使知识体系的表达更加科学合理。

● 2010 年 4 月，专业指导委员会和中国建筑工业出版社在烟台联合召开了专业规范研讨会，进一步听取各校土木工程专业负责人和主干课教师对“讨论稿”的意见。会议讨论的重点是培养目标、专业知识体系和实践教学体系，结合第一批规划教材编写工作，在学生知识、能力、素质等方面进行了深入的研究。会后，课题组形成了专业规范的“征求意见稿”。

● 2010 年 6 月，专业指导委员会给全体委员和部分高校的土木工程学院发出征求意见的信函。一些委员和院校对“征求意见稿”中的表述方式、专业知识的选修部分、课程设置等问题提出了自己的看法。专业指导委员会把收集到的意见和建议反馈给课题组，课题组作了进一步的修改和完善。

● 2010 年 6 月～2011 年 7 月，课题组成员分别在烟台召开的混凝土结构教学研讨会，在西安召开的教育部中青年教师课程培训班，在武汉大学、常州工学院、南京工程学院、河北建工学院、新疆石河子大学、深圳大学、河海大学、内蒙古工业大学、长春工程学院、哈尔滨工业大学等地高校举办的各种研讨会上，开展了关于专业规范的座谈和宣讲。在宣讲过程中进一步征求了各层次高校的教师对专业规范的意见。

● 2010 年 9 月 26 日，专业指导委员会在同济大学召开小范围的专家意见征询会，邀请上一届专业指导委员会主任沈祖炎教授等，对专业规范“征求意见稿”进行了讨论。会议对专业规范给予了充分的肯定，并提出了一些修改建议。

● 2010 年 10 月 23 日，在中南大学召开的土木工程学院院长(系主任)会议上，参会人员对专业规范“征求意见稿”展开了热烈地讨论并进一步提出建议；同期召开的专业指导委员会五届一次会议上，委员们原则通过了专业规范“征求意见稿”。

● 2011 年 2 月，根据专业指导委员会五届一次会议上委员们提出的意见，以及北京交通大学、西南交通大学等高校的建议，对“征求意见稿”进行了进一步的修改，并增加了铁道工程的有关核心知识和专业选修知识，最后形成了“结题稿”，专业指导委员会报送住房和城乡建设部人事司。

● 2011 年 6 月，住房和城乡建设部高等学校土建学科教学指导委员会组织专家组对课题进行了验收。专家组对课题完成情况给予了充分肯定和高度评价。

参　考　资　料

我国高校土木工程专业办学现状调查报告

张永兴(重庆大学) 李乔(西南交通大学) 叶燎原(云南大学) 张川(重庆大学)

一、目的及意义

近十年来，随着我国经济建设的迅猛发展，作为支柱产业的建筑业发展也是日新月异，对土木工程专业人才的需求持续旺盛，相应地，高等学校土木工程专业办学也呈现出飞速发展的态势，无论是数量还是规模，均体现为跨越式的发展。高校土木工程办学面临着空前的机遇以及挑战。专业指导委员会开展高校土木工程办学现状的调查研究就是在这一背景下展开的。通过调查开设土木工程相关专业院校的类型、规模、招生就业信息、办学条件以及对当前土木工程专业的意见等，发现问题，寻找土木工程专业办学的发展规律，在此基础上寻找解决问题的有效途径，从而有效提高土木工程专业办学水平。

在近一年的时间里，我们对全国开设土木工程专业的学校的办学现状进行了比较全面的调查研究，经过分析整理成本报告。我们的调查途径主要有：

(1) 通过官方网站收集有效的办学数据。为了保证数据的可靠性、时效性，通过互联网作多方面调查，一是相关学校及其院系的网站，二是教育部网站，三是部分优秀的高考信息网站等。首先我们在教育部网站上查找招收土木工程专业的各个学校，然后逐个访问该学校网站，进入土木工程专业的页面得到所需的有关土木工程办学的详细资料。

(2) 问卷调查。给各学校分发土木工程专业办学调查表电子邮件，由该学校土木工程专业的负责人填写。

(3) 电话采访。有一部分高校是通过直接向该校土木工程专业负责人电话采访得到相关数据。

此次调查的范围较广，包括了所有的教育部直属重点大学，省、市所辖的地方本科院校以及隶属地方的绝大部分高职高专院校，共计336所。采样的范围已经涵盖了目前我国绝大部分开办土木工程专业的高等学校。

二、调查主要内容

调研中所涉及的高校土木工程专业办学调查问卷主要包括以下内容：

(1) 学校信息。包括学校的开办年代、主管部门、办学类型、本专科学生人数以及本科教学水平评估的时间。

（2）院系信息。包括土木工程专业所在学院的本科和专科的专业数、硕士和博士学位点数、学科点学位点的开办时间等。

（3）土木工程专业信息。包括开办土木工程专业年份、是否有独立学院并设有土木工程专业、是否通过专业评估、专业教师人数、近四年土木工程专业招生人数、近四年土木工程专业就业率、专业课群组数等。

（4）其他信息。包括该学校对土木工程学科专业指导委员会指导意义的评价、宽口径人才培养的适应性和目前出版的教材实用性的评价。

三、调查结果分析

1. 高校开设土木工程专业概况

对开设土木工程专业的336所大学进行统计，其中：

155所大学招收土木工程研究生；

70所大学有结构工程硕士以上学位授予权；

51所大学有岩土工程硕士以上学位授予权；

30所大学有防灾减灾与防护工程硕士以上学位授予权；

23所大学有桥梁与隧道工程硕士以上学位授予权。

2. 硕士和博士学位点数统计

硕士学位点情况：

336个院校中，155个学校拥有硕士学位点，占46.1%；

181个学校没有硕士学位点，占53.9%。

博士学位点情况：

336所院校中，89所拥有博士学位点，占26.5%。

247所没有博士学位点，占73.5%。其中：

38所大学具有1个博士学位点；

21所大学具有2个博士学位点；

6所大学具有3个博士学位点；

1所大学具有4个博士学位点；

4所大学具有5个博士学位点；

19所大学具有6个及以上博士学位点。

3. 各高校开设土木工程专业的时间统计

对全国336所高校的统计中，134所高校土木工程专业开设时间查实有效：

在1980年以前开设的学校有45所；

在1980～1990年开设的学校有38所；

在1990～2000年开设的学校有19所；

在2000年以后开设的学校有32所。

4. 通过住房和城乡建设部专业评估的学校

336所高校中，通过评估的有40所。通过率11.9%，相对较低。

5. 本专科招生人数

在调查的336所学校中，统计了121所学校的招生情况：2005年招生总数为21894人，2006年为23715人，2007年为24969人，呈明显的直线增长趋势。统计土木工程专业全国排名前23所高校，情况为呈比较稳定地缓慢增长：其中2005年为5894人，2006年5940人，2007年5999人。

6. 高校土木工程本科专业课群组数统计

对实际统计到的134所高校中，拥有1个专业课群组数的有15所，占11.2%；2个的有36所，占26.9%；3个的有43所，占32.1%；4个的有24所，占17.9%；5个的有10所，占7.5%；6个以上的有6所，占4.4%。

7. 高校对本科教学大纲的评价

对279所高校进行了统计，其中认为：

较好，75所，占26.9%；

很好，16所，占5.7%；

一般，172所，占61.6%；

不适用，6所，占2.2%；

不了解，10所，占3.6%。

8. 对目前出版教材的评价

对257所高校进行了调查，统计结果表明，认为：

基本满足需要，168所，占65.4%；

满足需要，72所，占28.0%；

不满足需要，17所，占6.6%。

9. 专业指导委员会的地区性指导意义

对257所高校进行了调查，统计结果表明，认为：

有指导意义，209所，占81.3%；

无指导意义，48所，占18.7%。

对专业指导委员会的评价较好，大多数高校认为，专业指导委员会还需要进一步发挥自己的指导作用。

四、调查总结

1. 土木工程专业的发展

随着我国社会和经济的持续快速发展，房地产业和公共基础设施的建设规模日益扩大，成为经济发展的主要拉动力量。土木工程这个学科的内涵得到极大地丰富，也正在成为内涵广泛、门类众多、结构复杂的综合学科。目前土木工程已发展出许多分支，如房屋工程、铁路工程、道路工程、飞机场工程、桥梁工程、隧道及地下工程、特种工程结构、给水和排水工程、城市供热供燃气工程、港口工程、水利工程等学科。随着我国的经济发展，基础建设日益加快发展。土木工程专业成为了炙手可热的专业，社会对土木工程专业人才需求量相当大，这也是全国各大院校开设了土木工程专业的原因。从 1980 年开始，开设土木工程专业的学校日益增多，现在已经有四百多所院校开设了土木工程专业。从国家的一流大学到高职高专院校，都根据自己的培养目标开设了土木工程专业，培养了从工程勘察、设计到施工各方面的专业人才。现代土木工程的特点是：适应各类工程建设高速发展的要求，人们需要建造大规模、大跨度、高耸、轻型、大型、精密、设备现代化的建筑物。既要求高质量和快速施工，又要求高经济效益。这就向土木工程提出新的课题，并推动土木工程这门学科前进。

2. 各校土木工程专业方面的研究水平

我国的一流大学一直保持着强有力的团队研究能力，并不断拿出了自己的研究成果。各种研究成果也逐渐应用到了工程实际，给社会创造了经济效益。我国的高等教育在政府重点发展一流大学和高等职业教育的“二元重点发展目标”指导下，研究型大学和高职高专院校的发展与改革步伐较快，措施较多，对处于中间地位的非重点普通本科院校产生了一定的冲击。中间型大学也正积极寻找改革之路，发展自己的优势科目，积极争取设置硕士和博士授权点，增强了学校的研究能力和教学水平。现在，已经接近一半的院校拥有了硕士点，占 46.2%，而博士点占有量还相对较低，只占 26.5%。通过住房和城乡建设部评估的院校就更少了，全国只有 40 所，也就是说我们国家的土木工程专业的办学水平和研究还有待进一步提高。

3. 各校对土木工程教材的评价

土木工程专业的主要课程有：高等数学、土木工程测量、土木工程材料、画法几何及工程制图、材料力学、结构力学、弹性力学、流体力学、土力学、混凝土结构基本原理、钢结构基本原理、桥梁工程、道路勘测设计、路基路面工程、土木工程施工与组织、土木工程专业英语等。在我们进行调查的学校中，统计了 257 所院校对目前出版教材的评价，其中有 93.4%的表示教材基本满足或已经满足了当前本科教学的需求。也就是说现在的教材在体系上和内容上都基本满足了培养不同方向专业人才的需求，完成了培养任务，达到了培养目标。

4. 土木工程专业招生就业

随着开设土木工程专业的院校增多，专业划分的增加，土木工程相关专业招生人数一直呈较快的增长。本专业培养具有较扎实的数学、物理、化学和计算机技术等自然科学基础知识，掌握工程力学、流体力学、岩土力学的基本理论和基本知识；掌握工程规划与选型、工程材料、工程测量、画法几何及工程制图、结构分析与设计、基础工程与地基处理、土木工程现代施工技术、工程检测与试验等方面的基本知识和基本方法；了解工程防灾与减灾的基本原理与方法以及建筑设备、土木工程机械等基本知识。具有综合应用各种手段查询资料、获取信息的能力；具有经济合理、安全可靠地进行土木工程勘测与设计的能力；具有解决施工技术问题、编制施工组织设计和进行工程项目管理、工程经济分析的初步能力；具有进行工程检测、工程质量可靠性评价的初步能力；具有应用计算机进行辅助设计与辅助管理的初步能力；具有在土木工程领域从事科学研究、技术革新与科技开发的初步能力。成为能在房屋建筑、隧道与地下建筑、公路与城市道路、桥梁等领域的设计、施工、管理、咨询、监理、研究、教育、投资和开发部门从事技术或管理工作的高级工程技术人才。国家大兴土木，是土木工程专业就业良好，持续走红的根本原因。从一流高校到普通本科院校就业率绝大多数都达到90%以上。高职高专院校由于培养了比较对口的专业人才，就业率也颇高。调查结果显示，国家一流高校和一般重点大学土木工程专业扩招还是相对较少。一方面由于这些院校土木工程专业的发展已经相对成熟，另一方面为了保证培养质量，学院严格控制了招生规模。而一般本科院校和专科高职类学校对扩招持比较积极的态度。一方面由于学校的土木专业需要进一步发展，另一方面从就业上面讲，压力还相对较低，社会承载力对接受土木专业人才还很高。对宽口径人才培养的态度，大概74%的院校持支持态度，认为适合本校。

5. 专业指导委员会的地区性指导意义

成立土木工程学科专业指导委员会，是提高土木工程专业的教学质量和科研水平、提升专业特色、加强各大土木工程学院及土木工程专业与各企事业单位联系的途径之一。土木工程专业的建设，将在专业指导委员会的指导下，探索应用型工程技术人才培养的新模式，扩大土木工程专业在社会上的影响，使土木工程专业教育更好地为地方经济建设和社会各项事业服务，促进国家建筑业的发展。土木工程学科专业指导委员会在一定程度上对各地方院校提供了指导作用，从教材选择到教学实践上都发挥了作用。80%以上的院校认为，成立土木工程学科专业指导委员会是有意义的。专业指导委员会的指导作用对土木工程专业的发展起着重要作用。

五、主要结论

1. 随着社会和经济的持续快速发展，房地产业和公共基础设施的建设规模日益扩大，我国开设土木工程专业的学校日益增多(现在已经拥有400余所院校开设了土木工程专业)，招生数量也每年持续增加(每年近10万人)。

2. 国家一流高校和一般重点大学对土木工程专业的扩招数量相对较少，以保证培养质量。一般本科院校和专科高职类学校对扩招持比较积极的态度，表明社会承载力对接受土木专业人才的需求还很高，但办学水平尚有待提高。

3. 对宽口径人才培养的态度，大概74%的院校持支持态度，认为适合本校。80%以上的院校认为，土木工程学科专业指导委员会对本校土木工程专业办学的发展起着重要作用。

国内用人单位对土木工程专业的人才需求和办学要求调查分析

邹超英(哈尔滨工业大学)　栾茂田(大连理工大学)　阎　石(沈阳建筑大学)

土木工程是一个专业覆盖面和行业涉及面广的领域，它包括房屋建筑工程、公路与城市道路工程、铁道工程、桥梁工程、隧道与地下工程、矿山建筑工程等。国际上，运河、水库、大坝、水渠等水利工程也包括于土木工程之中。土木工程是国家的基础和支柱，是开发和吸纳劳动力资源的重要平台。由于它投入大、带动的行业多，因此对国民经济的发展以及和谐社会的促进具有举足轻重的作用。因此，进行国内用人单位对土木工程专业的人才需求和办学要求调查分析，发现土木工程教育中的问题，探索和实践符合中国特色的工程教育改革已迫在眉睫，对提高高等学校土木工程专业教育质量，推动国民经济持续、快速发展有着重要的意义。

一、问卷设计与调查

我国土木工程技术人才主要分布在施工单位、设计单位、业主单位和管理部门等。本课题组立足于调查分析国内用人单位对土木工程专业的人才需求和办学要求，通过查阅文献、问卷调查和走访等方式收集有研究价值的资料，设计了两套调查问卷和两套访谈提纲：

(1) 面向用人单位人力资源部(人事处)的调查问卷(封闭式)。问卷调查包括：用人单位的基本信息、对培养方案的问卷调查和用人单位的问卷调查三个部分。发放调查问卷200份，回收117份，回收率58.5%。

(2) 面向土木工程专业工程技术人员(以近15年的毕业生为主)的调查问卷(封闭式＋开放式)。问卷调查包括：工程技术人员的基本信息、对培养方案的问卷调查和工程技术人员的问卷调查三个部分，以及自由回答工程技术人才的培养与成长应采取的最关键、最急需的三个措施是什么？发放调查问卷1000份，回收509份，回收率50.9%。

(3) 面向部委的访谈提纲和用人单位的访谈提纲(重点访谈创新能力)。对住房和城乡建设部等三个部委和中海外建设集团等五个用人单位围绕“国内用人单位对土木工程专业的人才需求和办学要求”进行了访谈。

二、国内用人单位对土木工程专业的人才需求和办学要求调查分析

1. 土木工程专业的历史沿革

(1) 新中国成立前专业起步建设阶段(1949年以前)

19 世纪下半叶，我国学习和引进西方的科学技术，创办了一批拥有土木工程类专业的学校。如 1895 年首先创办的北洋西学学堂(天津大学前身)、1896～1920 年创办的山海关北洋铁路官学堂、南洋公学、山西大学堂、南京高等实业学堂、同济德文医学堂、清华学堂、哈尔滨中俄工业学校(哈尔滨工业大学前身)等均设立了土木工程类专业。到 1949 年新中国成立前，我国拥有 20 多所公立和私立的高等院校设有土木工程类专业，办学规模和学制不一。这一时期，我国高等院校土木工程类人才的培养主要采用欧美模式，即重视基础知识的“通才”教育。

(2) 专业调整与成长阶段(1949～1976 年)

新中国成立后，我国土木工程高等教育事业得到较大的发展。中央决定以哈尔滨工业大学为代表的工科学校和以中国人民大学为代表的文科学校全面参照前苏联高等教育模式设置专业，1952 年又在全国范围内进行大规模院系调整，将“大而宽”的各种专业细化，建立了“窄、专、深”的专业体系，形成“专才型”的人才培养模式。如哈尔滨工业大学土木系成立了新中国第一个工业与民用建筑专业、供热供煤气及通风专业、给水与排水专业。

采用前苏联高等教育培养模式，在当时生产力落后、实行计划经济、各行各业急需各种专门人才的背景下，发挥了非常重要的作用。同时，高校与用人单位建立了行业与岗位所需人才培养的供需关系，直至今天的土木工程专业仍有前苏联培养模式的痕迹。

(3) 专业建设恢复阶段(1977～1997 年)

“文革”结束后，在改革开放的背景下，高等教育取得前所未有成绩的同时，也受到了以美国为代表的西方教育模式(通才教育)的冲击。到 20 世纪 90 年代初，国家开始对专业目录逐步进行调整，1993 年，工业与民用建筑专业与其他专业合并拓宽为建筑工程专业。

(4) 专业建设发展阶段(1998 年至今)

专业面向进一步拓宽。1998 年，设置土木工程专业，涵盖了建筑工程、交通土建工程、矿井工程、城镇建设(部分)等专业。基础知识进一步拓宽。增设流体力学、工程地质、经济管理类等课程。课内学时由 3200 学时减少至 2500 学时。

通过土木工程专业的历史沿革可以看出，尽管国家对工程教育改革不断进行反思与实践，提出了相应的改革方案与思路，但与国际上，特别是美国和欧洲的工程教育改革相比，还是存在着一定的差距，其原因可以从我国高等工程教育两次重大的变化历史找到。新中国成立初期，由于政治上因素，我们全盘照搬实行计划经济的前苏联的教育模式，以培养实用型人才为主“专才”教育模式；改革开放以来，又回归到以美国为代表的“通才”教育模式当中。这种教育模式通过 10 余年的尝试，在工程技术人才培养中取得成绩的同时，也逐渐显现出一定问题。由于美国是市场经济，没有计划性，因此“通才”教育模式必须有利于学生毕业后选择职业。实际上，任何国家的高等工程教育都是培养工程师的，而且都重视高等工程教育的效益。美国在学校传授基础科学和技术科学课程知识，把专业工程技术课程放在工业企业传授。德国把三阶段课程都放在学校，这些都是为了适应本国工业和经济体制。我国传统的高等工程教育与企业用人需求已形成了中国特色，完全照搬美国的“通才”教育模式并不符合我国国情，特别是对土木工程技术人才培养有一定的局限性。

2. 土木工程类专业的现状

我国设立土木工程类专业的院校较多，且发展十分迅速。1999 年初，全国设有土木工程类专业的院校仅 200 余所，到 2006 年年底，已经发展到 400 多所，见表 1。

我国 2006 年设立土木类专业和学科的院校数量 **表 1**

专业或学科	本科培养院校数	研究生培养院校数
土木工程	402	101
道路桥梁和渡河工程	5	32
建筑环境与设备工程	140	37
给水排水工程	101	33

此外，我国土木工程类专业设置还包括以培养高等和中等职业人才的职业教育院校，形成了各层次人才教育协调发展的专业培养模式，见表 2。

我国 2006 年设立土木类专业的高职、中职院校数量 **表 2**

学校或专业	高职院校数	中专院校数
土木工程	523	905
道路桥梁和渡河工程	11	121
建筑环境与设备工程	128	29
给水排水工程	108	91

我国的高等院校和各类职业教育学校，为我国经济建设和社会发展培养和输送了大批优秀的土木工程类专业人才，特别是改革开放以来，伴随着国民经济的快速发展，土木工程类专业人才需求越来越大，我国的高等教育和各类职业教育适时调整人才培养格局，进行了土木工程类专业改革，在大力发展土木工程类高等院校的同时，协调发展土木工程类的高等和中等职业教育、夜大学、业余大学、函授大学、干部专修班等形式的人才培养方式，扩大了土木工程类专业人才的培养规模，有力地支持了国家各类基础设施建设，见表 3。

2005 年和 2006 年全国土木工程类专业招生情况一览表 **表 3**

本科教育				
年份	土木工程	道路桥梁和渡河工程	建筑环境与设备工程	给水排水工程
2005	54817	670	9199	6899
2006	61410	724	9285	6424
增长率（%）	12.03	8.06	0.93	−6.89
研究生教育				
年份	土木工程	道路桥梁和渡河工程	建筑环境与设备工程	给水排水工程
2005	5616	1843	566	682
2006	6187	2029	697	700
增长率（%）	10.17	10.09	23.14	2.64

续表

高职教育				
年份	土木工程	道路桥梁和渡河工程	建筑环境与设备工程	给水排水工程
2005	40037	186	5150	3254
2006	49548	541	5786	4015
增长率（%）	23.76	190.86	12.35	23.39
中职教育				
年份	土木工程	道路桥梁和渡河工程	建筑环境与设备工程	给水排水工程
2005	61061	8129	625	2916
2006	75629	9207	631	3331
增长率(%)	23.86	13.26	0.96	14.23

3. 土木工程技术人才队伍现状

(1) 土木工程技术人才行业分布(图1)

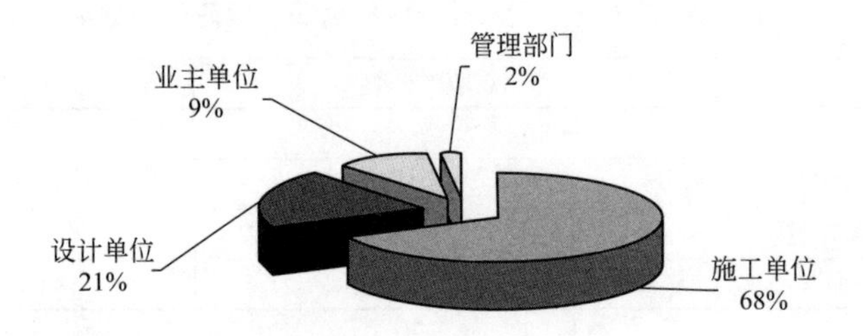

图1　行业分布

(2) 土木工程技术人才学历结构(图2)

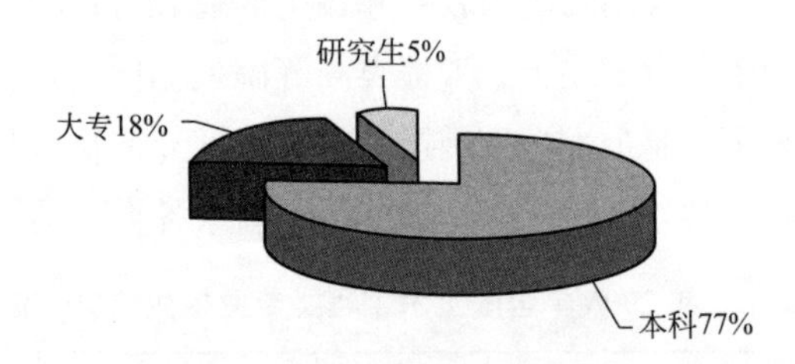

图2　学历结构

(3) 土木工程技术人才毕业年限(图3)

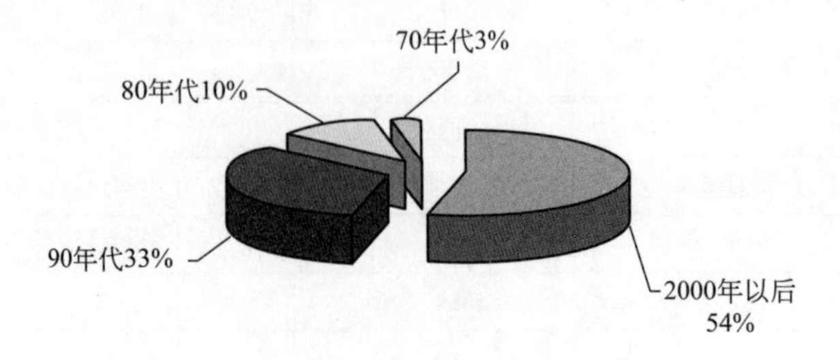

图3　毕业年限

调研结果表明，现阶段土木工程技术人才中，本科生占77%，研究生占5%，大专生占18%。说明本科生的培养直接影响企业的发展和创新能力。工程技术人才中54%毕业于2000年以后，33%毕业于20世纪90年代，10%毕业于20世纪80年代，3%毕业于20世纪70年代以前。这一年龄结构分布趋于合理。60%的企业认为，目前企业中综合素质较高的是毕业于1981～1990年间的毕业生，反映出高等教育培养的人才在质量上有下降趋势。

4. 工程技术人员与企业的创新意识现状

参与调查的工程技术人员中，73%以上的人员具备创新意识，敢于在工作中创新。技术人员的创新意识与其毕业院校、学历及所在单位性质不具相关性。

企业作为技术人才的使用载体，其创新意识直接关系到创新型人才的培养。调查结果显示，仅有26%的企业认为技术创新或工程技术人员的创新能力与水平对企业发展起决定性作用，74%的企业认为比较重要。相关分析表明，企业创新意识与行业有关，施工企业创新意识强，而设计单位等的创新意识薄弱。

5. 企业和工程技术人员对高等工程教育的反馈

（1）土木工程专业人才培养计划不尽合理

面向企业问卷显示，高等学校为了适应市场，有利于就业，将土木工程专业人才培养计划口径拓宽，但专业知识不足，专业性不强，上手慢，毕业生熟悉工作须在企业工作3～4年左右。土木工程专业课程体系不尽合理。69%的企业认为各大学课程设置大同小异，培养模式单一、训练不够；25%的企业认为毕业生理论强、实践差。有些课程无大用，课程设置不符合企业需求。毕业生经济管理类知识缺乏，职业道德、敬业精神不足。

面向工程技术人员问卷显示，无论毕业于“985”、“211”院校，还是一般院校，47%的被调查人员认为，在校所学知识老化较快，新技术知识薄弱。

（2）土木工程类高校实践性教学环节改革滞后

在对企业的问卷调查中，79%的企业认为高等工程教育应该加强实践性教学环节，70%的企业认为有必要进行校企联合培养本科生。

在对工程技术人员的问卷调查中，83%的人认为实践性环节对工科学生非常重要。49%的人认为课程实践(各种大作业、资料查阅、创新实践)少。45%的人认为目前工科院校对学生实践性教学环节的改革滞后于教学内容和课程体系的改革，15%的人认为缩减课内学时不恰当地将实践环节的学时也进行了缩减。43%的人认为企业实践条件差，对实践环节的安排有很大的负面影响，实践性教学环节流于形式。一般院校中，72%的人认为学生人数多，实验仪器设备台套数不足，使实验质量不高，收获不大。

（3）土木工程类专业教师的实践能力较弱

高校教师无论在课堂上还是实践课中，都是教学的主体，他们的理论基础和实践能力直接影响学生的质量。在面向工程技术人员的问卷调查中，65%的工程技术人员对在校专业教师实践教学能力表示基本满意，20%的工程技术人员对专业教师实践教学能力表示不满意。被调查者认为，由于专业课学时减少，专业教师缺乏工程实践经验，对企业了解不深，使得实践环节的深度和广度不够。此外，相关性分析表明，“985”院校毕业生对专业教师满意或基本满意，而一般院校和“211”院校毕业生对教师的不满意程度较高。

6. 土木工程技术人才需求分析

城市化是由传统的农业社会向现代城市社会发展的历史过程，根据国际上各国发展的资料统计，当城市人口接近总人口30%～40%时，会出现经济的腾飞和基本建设的高潮。由于国民经济的发展，需要土木工程先行一步，所以对土木工程人才的需求也将大幅度增加。改革开放以来，随着我国经济持续快速发展，城市化水平进入了快速增长阶段。根据2008年中国城市竞争力报告预测，到2030年城市化率达到65%以上，全国城市人口将达到10亿。届时，我国将达到中等收入国家的平均水平。据人口普查资料，1978年我国城市化率为17.9%，1990年为26.2%，2000年为36.1%，而2002年达到39.1%，2007年达到44.9%。城市化进程的加快带动了土木工程类相关产业的快速发展。根据国家统计年鉴报告，2000年土木工程从业人员为3552万人，比1990年增加1128万，相当于城市化率每提高10个百分点，土木工程技术人员需增加1128万。20世纪90年代，日本和韩国经济快速发展，土木工程类相关行业生产总值占国民生产总值的10%左右，土木工程类从业人数占社会总从业人数的比例保持在10%左右。我国土木工程类相关行业的生产总值已接近国民生产总值的13%，就目前的城市化水平和我国经济持续发展势头，当前的城市化率到2025年需要提高15个百分点，期间需要增加1700万(达到5600万)土木工程类相关从业人员。但根据国外发展规律，按照2025年全国约有10亿从业人员计算和10%的土木工程类从业人口，约需1亿土木工程类从业人员。统计资料表明，2002年土木工程类从业人员3893万，专业技术人员为154.6万，约占4%。若2025年土木工程类从业人员达到1亿人，专业技术人员仍按4%计算，则需要400万专业技术人员，即从2002年到2025年，需增加约250万专业技术人员。2006年我国土木工程类相关专业毕业人员约18万人，按照这一培养速度，23年能够培养土木工程类人才414万。考虑到将有80%左右进入到企业中，可以补充到企业的人数为330万。根据以上分析，考虑到企业退休等因素，我国目前土木工程类专业技术人员培养能力比较适中。

7. 土木工程技术人才培养中高等工程教育存在的问题

(1) 企业界对高等工程教育反馈的核心问题是人才培养中“工程性”和“创新型”的缺失。企业界强调高等学校是培养工程师的摇篮，而在高等工程教育中，基本上是科学导向，模式单一，高等工程教育去“工程化”现象导致工科特色不明显。

(2) 根据问卷调查和访谈，认为我国土木工程类专业实践性教学环节薄弱。工程实习缺乏必要的、有针对性的实训。由于企业不愿接纳学生实习，致使绝大多数实习并不是动手操作，而是走马观花，学生的能力得不到有效的提高；实验教学投入不足。大多数土木工程类专业由于实验教学经费投入不足，使得很多工程实验只能采取演示，甚至一些实验无法纳入正常计划，造成学生动手能力差。

(3) 高校开展的本科生创新活动与工程实际脱节。创新活动在激发学生对科学研究的兴趣和培养实验能力上起到了积极作用，但大多仅停留在协助研究生做实验。

（4）土木工程专业在课程体系方面存在问题。教学方法脱离培养目标，土木工程类专业需要学生具有较强的动手能力和独立思考能力，传统灌输式教学方法既不利于工程能力的培养，也不利于创新意识培养，而且扼杀了学生个性发展；专业课学时安排不尽合理。我国土木工程类企业对毕业生的专业能力要求较高，希望很快承担技术工作。但由于专业课学时不能超过10％，而企业继续教育功能又很薄弱，从而影响了合格的工程技术人才的培养。由于专业课学时减少和专业教师缺乏实际工程经验，使得毕业设计深度和广度不够。

（5）从事土木工程类工程教育的大部分教师缺乏工程实践经验和一些工程技术前沿知识。工科院校对培养人才的定位不明确。很多工科院校培养模式采用美国的“通才”教育，普遍存在“重科学研究，轻工程实践”，再加上高校“重论文、轻应用”等评价体系的错位，使得专业教师自身不重视工程实践；高校缺少对专业教师的工程培训和继续教育。由于不重视工程实践教学环节，导致对专业教师工程背景的重要性缺乏认识，专业教师的工程技术水平难以提升；授课教师自身了解本专业工程技术前沿知识少，使得学生无法学到新知识与技术。

8. 土木工程技术人才培养中企业存在的问题

（1）企业继续教育模式尚不完善。我国的工程教育模式既不像美国，有为进入企业的毕业生而设置的工程师岗位培训系统；也不像德国，工科大学毕业生要求必须具有参与工程项目的实践经历。我国工程教育基本上在学校完成。因此，如果企业对开展继续工程教育不重视，将对我国工程教育的发展和创新型工程技术人才培养产生严重影响。

（2）企业继续教育与岗位需求脱节。由于企业管理者缺乏对继续教育理论、方法、内容的高度认识，继续教育缺乏针对性，导致企业和个人参加继续教育的积极性受到挫伤。

（3）企业对继续教育经费投入不足。追求经济效益成为企业的最高目标，问卷调查显示，对继续教育不投入的企业占受调查企业的42％。

（4）企业缺乏对继续教育的认识和相关制度的建立。过分追求眼前利益，很难充分调动企业管理者和专业技术人员对继续教育的积极性；企业继续教育与人员使用相结合的制度不完善，继续教育工作流于形式。

（5）企业对政府政策贯彻不够。对于国家给予企业创新型人才培养方面的激励政策，问卷调查显示，31％的企业不了解，8％认为没有。访谈结果显示，效益好的国有大型企业不但对国家政策了解得很透，而且积极执行。调研结果显示，对政府创新激励政策不了解或执行不够的企业，在创新型人才培养和创新活动投入上也表现得很不积极，而且企业的经济效益增长缓慢。

三、建议

针对目前我国土木工程技术人才培养过程中存在的问题，借鉴国外发达国家土木工程技术人才培养模式，考虑我国的教育体制、土木工程技术人才成长环境及市场供需关系等特点，提出应走具有中国特色的土木工程技术人才培养道路的建议。

（1）进一步转变高等教育思想与观念，明确教育改革方向，促进土木工程技术人才的培养。

（2）加强具备工程背景和创新能力的高素质专业师资队伍的建设，建立高校与企业共建的师资队伍平台。

（3）进一步提升企业科技创新的主体地位，加强产学研结合，为培养创新型工程技术人才创造更加优越的社会环境。

（4）完善创新型工程技术人才培养的政策保障体系。

（5）改革高等院校人才培养模式，完善企业继续教育制度，建立适合中国国情的创新型工程技术人才培养模式。

国外及港澳台地区各层次院校土木工程专业办学情况调查分析报告

吴瑞麟(华中科技大学)　徐礼华(武汉大学)　杨志勇(武汉理工大学)
刘立新(郑州大学)　李杰(华中科技大学、武汉工程大学)

一、调研学校

本次调研采取网上查阅资料及实地收集资料(访问学者，委托当地学者)两种方式进行，主要分析各个学校的本科生培养方案(或计划)，共调研下列16所学校，以及3所排名相对靠后学校的情况。

- 美国

(1) 加州大学伯克利分校；
(2) 麻省理工学院；
(3) 西北大学。

- 英国

(1) 伦敦帝国大学理工学院；
(2) 曼彻斯特理工大学；
(3) 诺丁汉大学；
(4) 格拉斯哥大学。

- 意大利

特伦托大学(Trento University)。

- 加拿大

(1) 滑铁卢大学；
(2) 麦吉尔大学(McGill University)。

- 澳大利亚

(1) 维多利亚科技大学；
(2) 斯威本科技大学；
(3) 莫纳什大学。

- 中国香港

(1) 香港城市大学；
(2) 香港科技大学。

● 台湾地区

台湾交通大学。

二、关于我国香港、台湾地区三所大学土木工程专业调研报告

(1) 香港城市大学与香港科技大学实行学分制，台湾交通大学实行学年制。

(2) 三所大学的课程体系均由公共基础课、专业基础课和专业课构成，分必修和选修课开设，没有政治类、英语及体育课程。

(3) 香港城市大学在专业方向上设置兼修法学的课程体系，香港科技大学开设科学通识教育选修课程、工商管理通识教育选修课程及人文及社会科学通识教育选修课程。

三、澳大利亚高等教育及土木工程专业调研报告

(1) 土木工程是一个具有广泛学科基础的综合学科，涉及规划、设计、建造和管理等一系列重要的社会基础设施，包括商业和工业楼宇；供水和废水处理系统；灌溉、排水和防洪系统；桥梁道路工程；公路运输系统以及海港港口和机场基础设施等。

(2) 土木工程专业学制一般为 4 年。一般学校在前两年学习过程中注重坚实基础科学和工程学原理，第 3 年和第 4 年为实践学科的具体内容设计和工程工作。相当注重培养学生敬业精神、团队意识、职业道德和社会责任感；注重培养解决问题和沟通技巧及观念；注重工程实践，重点对当地的工程实例经验的学习和实地参观，让学生接触到真实世界的问题。

(3) 课程目标是为了培养相应工程的规划、设计、建造和管理的技术、技能，这些工程包括建筑物、道路、供水设施和其他各主要社区设施等工程。各学校专业课程设置比较相近。

四、加拿大及我国香港部分院校土木工程专业办学情况调查分析

(1) 通过比较可以看出，我国土木工程专业教学计划中基础课和专业基础课相差不大，均包括化学、物理、数学、力学等内容。但专业课必修课中加拿大两所大学均包括交通、水利、水文及水资源及环境工程，是真正的“大土木工程”；而我国教学计划中专业课必修课中水利、水文及环境的内容很少，交通工程等课程是作为专业方向选修。在选修课方面加拿大两所大学的教学计划中可供学生选择的课程较多，课程涉及的领域更广泛一些，尤其是增设专题研讨会值得借鉴。从教学计划和课程设置方面看，加拿大大学土木工程专业学生的知识面比我国要宽。

(2) 比较我国内地土木工程专业教学计划和香港城市大学土木工程专业教学计划可以看出，内地土木工程专业教学计划中基础课内容比香港城市大学要多一些，但在专业课方

面香港城市大学土木工程专业偏重于经营管理，这与香港经济发展注重经营管理的地域特点是一致的，值得内地为适应不同地域、不同区域经济发展要求的学校借鉴，教学计划可有所侧重。

(3) 通过对比可以看出，我国土木工程学科专业指导委员会目前制订的教育计划在基础课和专业基础课的教学方面和国际上是基本一致的。但由于我国国情的特点，我国土木工程和水利工程分属两个不同的一级学科，因而土木工程专业教学计划中涉及水利、水文的内容很少，这在短期内尚无法统合，但建议在土木工程专业教育中增加与环境保护和可持续发展有关的课程。

五、美国、英国、意大利等大学土木工程专业调研报告

(一) 加州大学伯克利分校(美)

(1) 十分重视基础课程。这里所说的基础课程，除数、理、化以外，还包括计算机、制图，以及教学计划中未列入“核心课”或“技术课”的力学课程。这些课程的学分加在一起差不多占到总学分的一半(55/120)，且大部分为必修课；即使有的列为选修，其选择自由度也不大。

(2) 与对基础课程相对严格的限制相反，其他课程给了学生比较宽松的选择余地，这一点从各专业的限选课目录可以看出。人文社科类课程的选择范围尤为广泛。此外还有学分的自由选修课程。需要强调的是，这些选择余地，是在总学分 120 这样一个并不宽裕的前提下留出的。

(3) 专业间的界限比较模糊。从教学计划看，一年级看不出专业差别；二年级仅有一门 4 学分的基础科学选修课(普通化学或物理 C)在限选时开始体现专业特点；三、四年级，选修课比重增大并按专业分组限选，选课目录一方面体现了专业的特点，另一方面也是程度不同地相互渗透的。

(4) 人文、社科类课程占总学分的 15%，全部为选修课。在工科教学计划中安排这么多的文科课程的目的，按教学计划的说明，是为了使学生更多地了解社会、服务于社会。

(5) 讲课与实验、设计相结合，是不少专业课程的共同特点。

(6) 化学、流体力学以及与环境工程有关的课程，在教学计划中占有相当大的比重。

相比之下，我国高校土木工程专业中程度不同地存在着的轻视化学、甚至不要化学的倾向，是值得讨论的。

(二) 麻省理工学院(美)

(1) 毕业生除了掌握必要的基础知识和专业知识外，还需要具有一定的人文社科知识、较强的组织判断能力、一定的创新能力以及较好的合作精神等，这从 MIT 的培养目标中可看到这一点。

(2) 从 MIT 的培养计划可看出，每学期课程数量较少，仅 5 门左右。

而我国土木工程专业学生的课程要多得多，少则 7、8 门，多则 10 多门。减少必修课

程的数量，给学生更多的弹性时间，在导师指导下选读一些适合于个人特性与发展的课程尤为重要。

(3) 培养计划也反应出本科生导师的重要作用，他可以指导学生学些什么课程，也可以根据学生的兴趣与爱好制订出特殊的培养计划，学生只要学修一定的学分，在导师的推荐下也能获得相应的学士学位。这一方面要求教师要有很强的责任心，充分兼顾按学生的个性进行教育，另一方面也反映美国专业课程体系具有较大的灵活性。

(4) 课程评分标准弹性较大，对于一些实践性、创造性、研究性的课程或教学过程只以通过/不通过，或者教师认为满意/不满意来评定，而不必严格用分数来评定成绩，这就兼顾到了各类课程的不同特性。

(5) MIT 的土木工程专业比我国的要覆盖更广的范围，如结构工程、结构力学、结构材料工程、岩土工程、建筑管理、交通工程、地质工程以及环境工程等。学生只需在各专业领域的若干门选修课程中完成任意几门课程，就能达到毕业所需的专业课程要求，而其他要求必修的专业平台课程基本相同。

(6) 与 MIT 土木工程专业培养计划对比，我们现有的专业范畴还可进一步拓宽，学生在第一、二年学完必需的基础课程后可根据自己的兴趣和爱好任意选读几门专业课程，修满规定学分，即可获得学士学位。

(三) 西北大学(美)

(1) 美国西北大学土木及环境工程系设在麦考密斯学院内。他们对土木工程师的社会职责定位是：研究、规划、设计、建设、管理并且维护道路、飞机场、隧道、桥梁、海港、住宅楼、办公室、商业楼、工厂厂房、自来水供给系统、能源生产和分配设备的网路等各种结构物。因此，大学培养的学生总体上来说就是为了适应宽泛的社会需求，也就是“大土木”的概念。但是就每个学生而言，根据个人兴趣，将来有可能具体担任市政工程师、结构和岩土工程师、运输工程师等，而不是“大土木”工程师。

(2) 土木工程课程设置既要考虑学生兴趣的多样性，同时必须完成本专业的教学目标。学生可以根据自己独特的兴趣来制定适合自己的学习计划，包括可以选择工科学院以外的广泛的课程，以便更好地面对社会和自然的挑战，从而更好地建设和管理国家基础设施。

(3) 非常重视工程分析与设计环节的教学工作。院级课程首先就设立了 4 门工程分析课程，系级课程又专门设立了设计及综合课程组，有 10 门课程供学生选修两门。此外，院级课程还设立了设计与沟通(3 个课程单元)课程组，这些课程紧接着工程设计，学习适合于工程报告的写作技巧，就像和自己的客户以及团队成员之间交流一样，同时学习公共演讲技巧，以便公开表达自己的设计思想。

(四) 伦敦帝国大学理工学院、曼彻斯特理工大学、诺丁汉大学、格拉斯哥大学(英)

英国的土木工程专业是以执业为目标的，强调培养应用型人才。第一学年甚至第二学年上学期的课程覆盖着一系列的工程学科，要求打下面较宽的基础。随着年级的升高，逐渐专门化，如结构工程、环境工程、交通工程、岩土工程、建筑工程以及建筑管理等专门化系列。在教学计划中，十分注意工程实践和能力的培养。除在三明治模式中有一年进行工程实践外，另三年在校学习期间还有实验、设计和实习等安排。有的学校还规定在校学习阶段应在工业培训中心实习两个月，或利用暑假在工程单位实习。

（1）十分注意专业或专业方向设置、教学改革等与国家发展的需求相适应，并不断加以调整，大部分土木工程高等教育以培养执业工程师即应用型人才为目标。

（2）英国的课程设置能紧密结合本国的具体情况，各个学校又有不同的特色。但从知识结构来看，涉及科学技术、社会、法律、管理等；专业及专业基础内容较宽，主要包括结构、流体、土木三大方面。

（3）英国的土木工程教育中，关于能力的培养，具有多渠道的特点。

① 上课学时少，学生自由支配的时间多。

② 三年在校学习阶段有较多的实践环节。

③ 有的学校规定学生要在学校的工业培训中心实习两个月，有的学校要求学生利用暑假去生产实习。

④ 三明治模式中有一年实行有指导的结合工程实践的实习阶段。

（4）素质教育问题。英国也重视素质教育，如开设的学术与职业发展、土木工程发展史与实践课程，可激发学生热爱专业的热情与兴趣；而要求选修的科学通识教育、工商管理通识教育、人文社科通识教育及其他工程类课程，则可扩展学生的知识面，使大学生具备现代社会通用的高级知识。

（5）课程与实习的结合问题。我国的土木工程专业教育，有不少实习是与课程分离的。将实习与实验安排与课程紧密结合，可有利于教学效果。

（6）毕业设计安排。将毕业设计当作课程体系的课程教学内容，穿插安排在一学年的其他课程之中，有利于学生带着毕业设计(论文)问题去学习。

（五）特伦托大学(意)

（1）对比发现，作为工程师公共基础的数理化课程和计算机科学是相同的，在本学科的基础课程中，理论力学、材料力学、结构力学(结构分析)、流体力学、地质工程等是相似的，但他们将热力学、机械类课程放入专业基础课程，材料科学和应用化学则作为工程类学生的公共基础，显得比我们更加重视。

（2）特伦托大学土木工程专业的覆盖面比我们现在更宽一些。不仅在其前三年的统一课程中，有诸如公路、铁道等基础设施的基础，也体现在后两年的专业课程中，他们包括了城市规划、给水排水、水工结构等内容(3 年本科、5 年硕士)。

（3）课程内容的差别。例如：将结构分析和结构设计课程更紧密地联系在一起的做法(结构分析与设计课程)；计算机科学课程主要讲授计算机和信息技术，而不是进行简单的操作训练；房屋改建和维护课程中，不仅从技术层面讲如何解决问题，而且基于欧洲有许多传统建筑需要从保护文化遗产的角度加以维修出发，先讲解欧洲建筑传统等等。

（4）与国内现行课程设置相比，我们的人文类、外语类、体育类课程占了总课内学时的 30％以上，而特伦托大学除了一门经济与商业管理课程外，不在课程计划中设置这些内容，学生体育教育作为业余活动由学校体育中心协助开展。因此，就专业或与专业直接相关的基础教育而言，我们的四年本科，实际上是用不到两年半时间(因我们还安排半年毕业论文或毕业设计)完成国外三年或更长年限的学习要求。

(5) 国内的教学计划中，有较长一段时间的毕业设计或论文，相当于学位资格论文。在特伦托大学则不在计划中设立这一环节。但如前介绍，他们同样有这一要求。其中主要差别是：国内将工程师培养的基本环节都要求在学校完成，他们的大学则仅仅提供一个基础，真正的执业培养在社会完成。

六、几点建议

(1) 正视国情特点：首先是基础设施与建筑工程，目前和将来较长一段时间内将处在高峰建设时期，急需要一大批比较专业的人才，"宽口径"思路应因校考虑，不宜整齐划一。其次，土木工程本科教育应该与正在推行的"注册工程师"系列相适应，我国目前建筑工程、道路桥梁工程、水利工程、市政工程等分属不同的行业，而"注册工程师"则是按行业来管理的。

(2) 土木工程专业应以培养应用型人才为主，不宜过分提倡综合性、研究型，尤其是对于本科生。研究型主要体现在研究生阶段。

(3) 宜结合国家建设人才需求以及各个学校的特点(学校区位、办学历史、师资力量、实验条件、与社会的结合情况等)设置课程体系，全国统一要求的课程不宜过多，让学校有更多的办学自主权，而学校的"自主权"更多地取决于市场导向。

(4) 宜加强"环境保护与可持续发展"实质性内容教育，不能停留在概念、概论层面，而应在土木工程具体行业的规划、设计、施工及管理教学过程当中。

(5) 宜加强工程分析与设计等实践环节的教学工作的具体要求。

(6) 重视"土木工程素质"教育，激发学生热爱专业的热情与兴趣。

(7) 我们现在的"土木工程专业"概念涵盖面其实并没有一个统一标准，通常分为多个专业，比如：

- 美国麻省理工学院土木与环境工程系设有土木工程(1－C)、环境工程学(1－E)及土木与环境工程(1－A)三个本科专业。
- 美国加州大学伯克利分校土木与环境工程系下设施工工程、环境工程、土木工程(岩石力学、房屋、桥梁、水坝等的基础工程、地下工程等)、结构工程(房屋、桥梁、水坝、港口等)、结构力学(基本上与结构工程相同，但在理论方面有所侧重)、结构材料工程和交通工程共7个专业。
- 英国诺丁汉大学环境科学学院中的土木与结构工程系，从1996年开始执行新的土木工程类学士学位教学计划。该计划可授予五种学士学位：土木工程、结构工程、土木工程测量、土木工程管理、土木与环境工程。
- 香港科技大学土木工程系开设两个大专业，一个为土木及结构工程专业，另一个为土木及环境工程专业。

国内，同一所学校不同学院同办“土木工程”而实质不同的现象不在少数，比如“结构工程学院”土木工程其实质是建筑工程或桥梁工程或岩土工程，“交通学院”、“公路学院”的土木工程则实质是道路桥梁工程或岩土工程。因此，有必要重新定义本科“土木工程专业”。

七、补充调研(排名靠后院校)

上述调研的16所学校，在各自国家及地区的排名都是位于前列的。为了全面了解国外土木工程教育情况，课题组又选择了加拿大综合排名19位(共20名)的萨省大学(University of Saskatchewan)、美国排名66的堪萨斯州立大学(Kansas State University)和英国土木工程专业排名33的利兹大学(Leeds)等3所学校进行分析研究，结论如下：

(1) 就土木工程类专业而言，本科培养计划没有明显的“一般院校”、“重点院校”之别，加拿大没有，美国没有，英国也没有。倒是各个学校的侧重点不完全一样。

(2) 培养计划具有国家特点，与国家基础设施发展水平有关。

高等教育土木工程专业不同类型专业人才社会需求调研报告

何敏娟　熊海贝(同济大学)

一、背景与意义

根据我国高等学校专业调整要求，土木工程专业于1998年起陆续开始实施深基础、宽口径的土木工程人才培养模式。从那时起，高校土木工程专业涵盖了之前的建筑工程(工民建)、地下建筑工程、桥梁工程、岩土工程、交通工程、轨道工程等较窄范围的专业。“宽口径土木工程专业培养”实施十余年来，为国家培养了几十万名毕业生，大多数在工作单位发挥了较好的作用。为了更好地为社会培养专业人才，探索培养适合现代社会发展的专业人才，更好地为科技发展服务，“高等学校土木工程学科专业指导委员会”作为全国高等学校土木工程专业本科教育的专家组织开展了全国范围的土木工程专业不同类型专业人才社会需求的调研活动，旨在了解社会对土木工程专业人才需求的特点、制定更适合社会发展的高等教育土木工程专业培养目标和培养计划。

二、调研对象

根据专业指导委员会的要求，调研对象包括对土木工程专业人才有需求的设计单位、施工企业、管理部门，管理部门包括政府机关如建设局等、质检站、建设单位(甲方)、质量管理单位如监理等。

同济大学对上海地区和北京及华中地区的50家单位进行了调研，得到调研表格71份，其中上海地区有33家单位、47份调查表，北京及华中地区有17家单位、24份调查表。根据单位所属行业以及单位所属性质进行归类，见表1、表2及图1、图2。

上海地区调研单位基本信息统计表　　表1

所属行业	设计	施工	监理	政府	建设方
数量(家)	18	5	3	4	3
单位性质	大型国企	中小型企业	外资企业	私企	事业单位
数量(家)	13	8	3	5	4

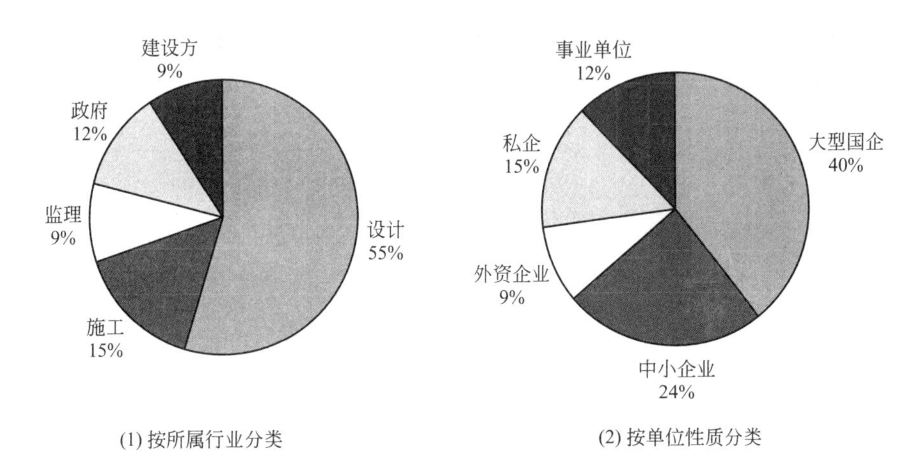

图 1　上海地区调研单位基本信息统计

北京及华中地区调研单位基本信息统计表　　**表 2**

所属行业	设计	施工	监理	政府	建设方
数量(家)	5	3	2	6	1
单位性质	大型国企	中小型企业	外资企业	私企	事业单位
数量(家)	4	7	0	0	6

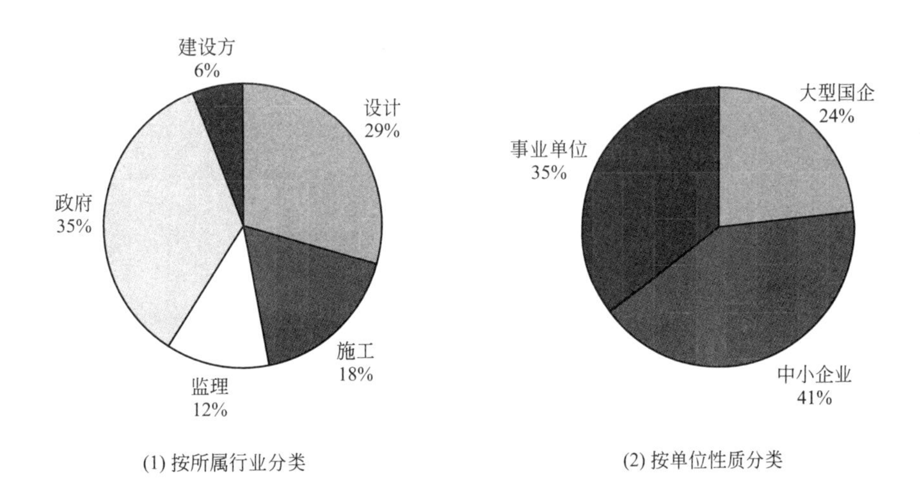

图 2　北京及华中地区调研单位基本信息统计

三、调研结果

针对不同行业对专业人才的可能需求，设计了“对专业人才质量需求调研表”（见表3），目的在于概括性地了解企业对人才在专业知识、基本技能和综合素质方面的基本要求。为了便于统计，采用 5 分制进行分类，要求高者为 5 分，要求低者为 1 分。要求各企业根据工作性质，按实际需要填写，不要随意提高或降低要求。

对专业人才质量需求调研表 **表 3**

单位名称					
单位所属行业（在相应栏中打钩）	设计 □	施工 □	监理 □	政府 □	建设方 □
	其他				
单位性质	大型国企 □	中小型企业 □	外资企业 □	合资企业 □	私企 □
对毕业生基础知识要求 数字从小到大的要求为从低到高					
	1	2	3	4	5
数学					
力学					
计算机能力					
外语能力					
对毕业生专业知识要求（专精□ 面宽□，合适的方框内打钩） 数字从小到大的要求为从低到高					
	1	2	3	4	5
设计理论					
施工技术与方法					
管理知识					
对毕业生工作能力要求 数字从小到大的要求为从低到高					
	1	2	3	4	5
按部就班解决工程问题					
需用创新思维做好工作					
对毕业生综合能力要求 数字从小到大的要求为从低到高					
	1	2	3	4	5
口头表达					
团队合作					
国际交流					

对于各个方面要求程度高、中、低的评判标准是：如果总分大于等于项目个数×4分，评定为“高”；如果总分小于项目个数×2分，评定为“低”；如果是介于两者之间的，就为“中”。调研结果总结见图3～图6（上海地区）和图7～图10（北京及华中地区）。

上海地区调研结果

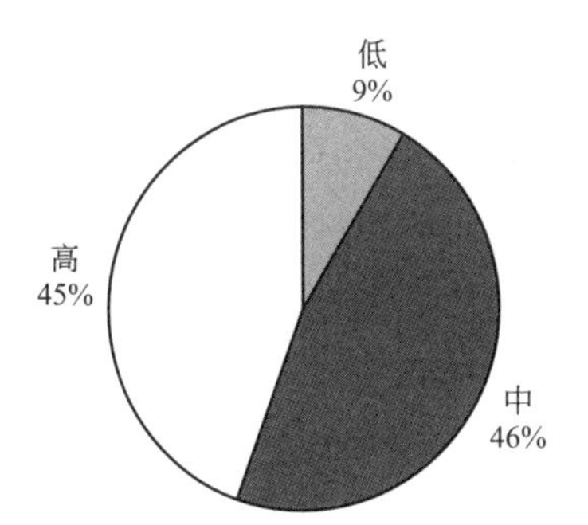

图 3　对基础知识的要求

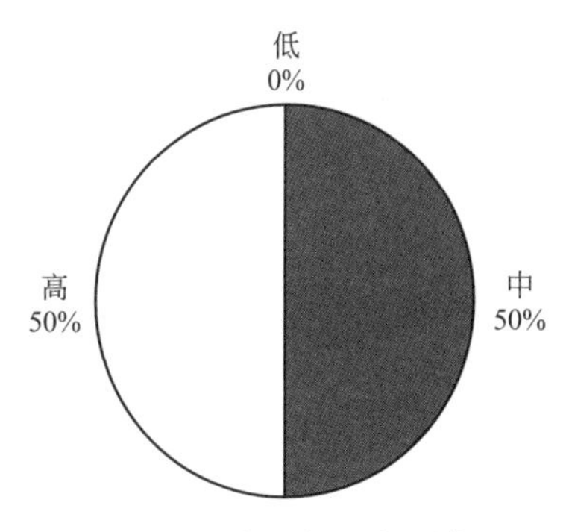

图 4　对专业知识的要求

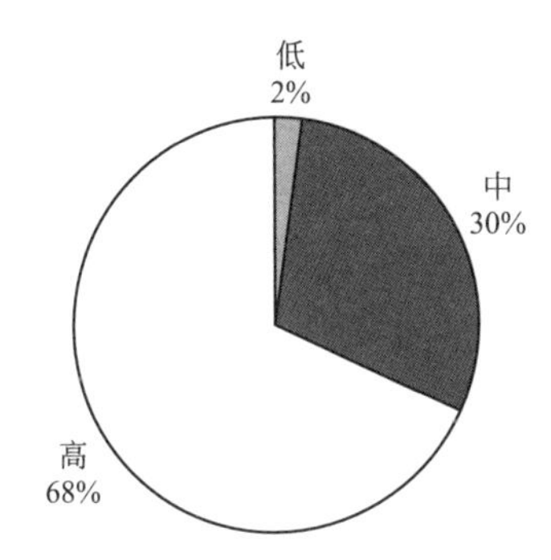

图 5　对工作能力的要求

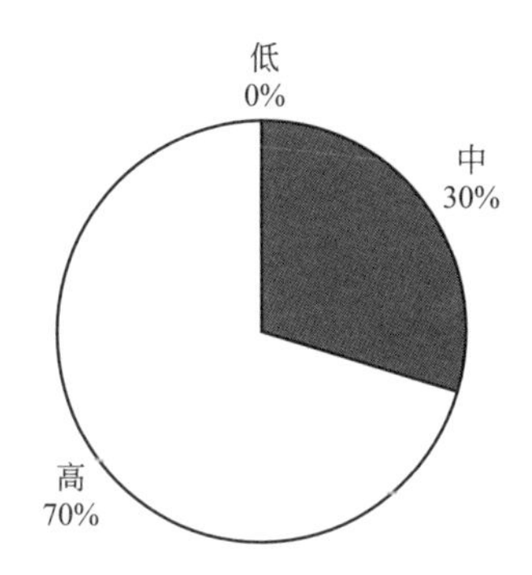

图 6　对综合能力的要求

北京及华中地区调研结果

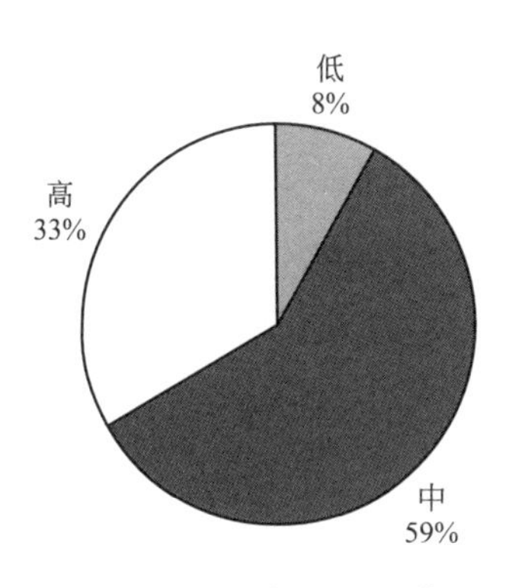

图 7　对基础知识的要求

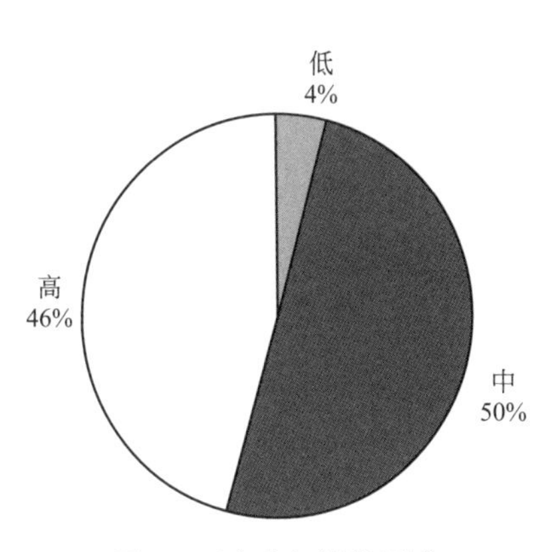

图 8　对专业知识的要求

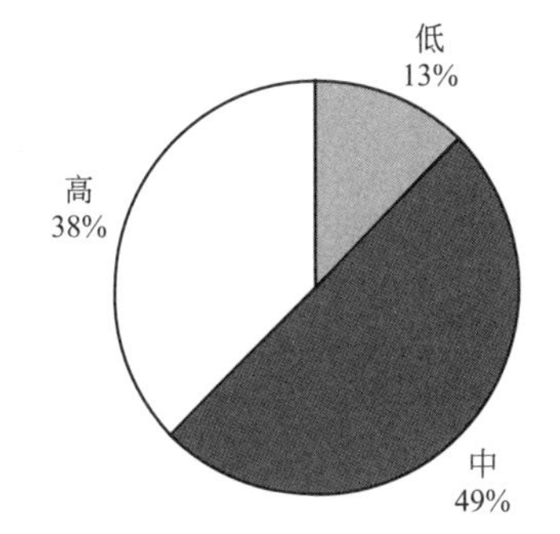

图 9　对工作能力的要求

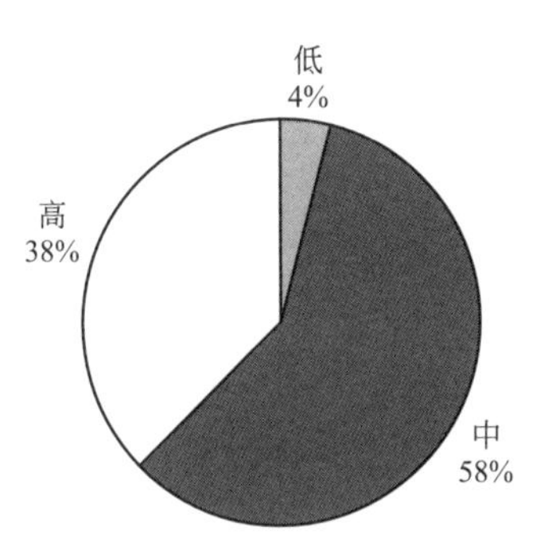

图 10　对综合能力的要求

从上述图可以看出，不论是上海地区还是北京及华中地区的用人单位对基础知识、专业知识、工作能力和综合能力都提出了比较高的要求，要求“低”的比例只占了非常小的部分。这说明，现在全国大部分地区对土木工程专业人才的要求越来越高，培养高素质的专业人才已经成为土木工程人才培养部门迫在眉睫的任务。

四、调研结果分析

把 71 份调查表分成上海地区(47 份)和北京及华中地区(24 份)两部分统计。统计方法如下：

单项最高分是 5 分，最低分为 1 分，因此，总分满分为调查表数×5，最低分为调查表数×1。根据基础知识、专业知识、基本技能和综合素质四个方面分别进行比较，并且列出各方面分项内容的得分情况。为了便于比较将绝对分值按照百分比进行等效，那么“等效分数＝所得分数/满分×100％”。例如，上海地区的调查表中，对数学要求累积得到的分数是 157 分，而满分是 47×5＝235，那么上海地区对数学要求的等效分数是 157/235×100％＝67％，见图 11～图 14。

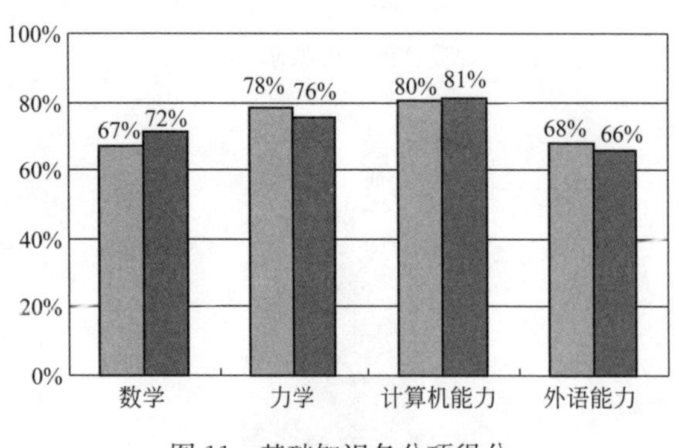

图 11　基础知识各分项得分

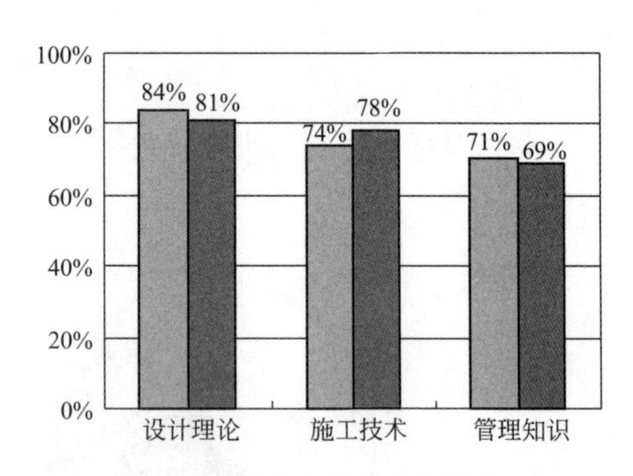

图 12　专业知识各分项得分

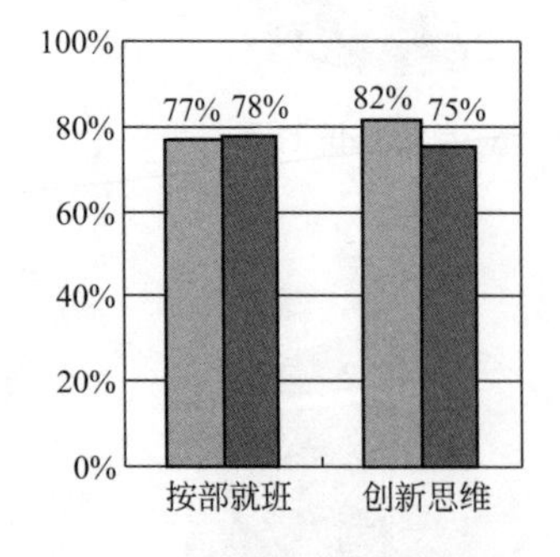

图 13　工作能力各分项得分

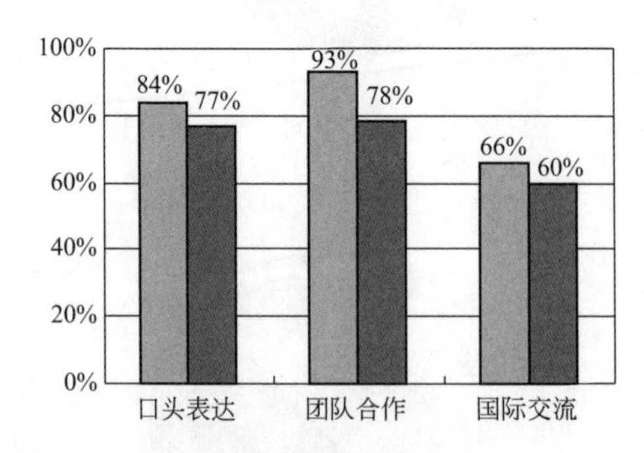

图 14　综合能力各分项得分

注：■ 上海地区　■ 北京等地

1. 基础知识

由图 11 可以看出，上海地区和北京及华中地区用人单位对毕业生基础知识都提出了比较高的要求。其中两个地区对于计算机能力要求的等效分数分别是80%和81%，都要高于其他三项，这充分说明了两个地区都认为毕业生的计算机能力在基础知识中是最重要的。在数字化和信息化的今天，计算机被广泛用于土木行业，工程软件大大降低了结构计算的繁琐性，大量地减少了结构计算所花费的时间和精力，并且它的精准性也是一般手算所无法比拟的。所以，土木工程专业人才的培养势必要把计算机与专业理论和实践相联系起来。

除此之外，力学也被放到了重要的地位。没有好的力学基础，就无法分析土木工程设计的合理性、无法判断土木工程施工方案的正确性、无法进行土木工程的设计施工和管理。

2. 专业知识

由图12可以看出，上海地区和北京及华中地区在三项的比较中，两个地区几乎是持平的。

抛开两个地区的比较，单从专业知识和基础知识的比较来看，上海地区专业知识平均分为(84%+74%+71%)/3=76.3%大于基础知识平均分(67%+78%+80%+68%)/4=73.3%；同样，北京及华中地区专业知识平均分76.0%也大于基础知识平均分73.8%，显而易见两个地方对专业知识的要求要略高于对基础知识的要求。

对专业知识的要求较高，也反映了企业对于人才成品化的需求。由于社会的快速发展，企业规模的扩大以及分工精细化，企业希望得到的大学毕业生能迅速适应企业的要求，也就是说，企业没有更多的时间去培养、培训职员。有些中小型企业，还将面临人员流动过大的问题，培训将耗费企业短期成本。

在专业知识调研中，还有一项是关于对毕业生专业知识纵向和横向掌握程度的调研。调研结果显示，上海地区和北京及华中地区要求知识“面宽”的分别占了全部的59%和84%，两个地区都已经超过了半数。这充分说明，用人单位要求土木工程专业人才具有较广的知识面，避免学得“地上的”而不懂“地下的”，学得“地下的”而跨不到“地面上”，避免学“结构的”而不懂“管理”，学“管理的”而不懂“结构”。所以土木工程专业人才也要符合“宽口径”人才培养的策略，如图15、图16所示。

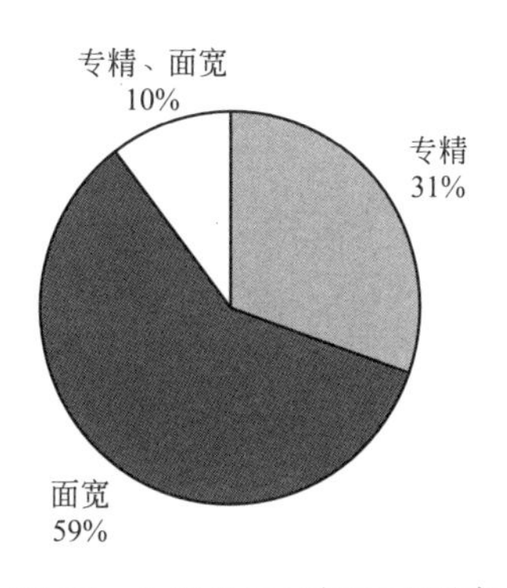

图15　上海地区的知识面要求

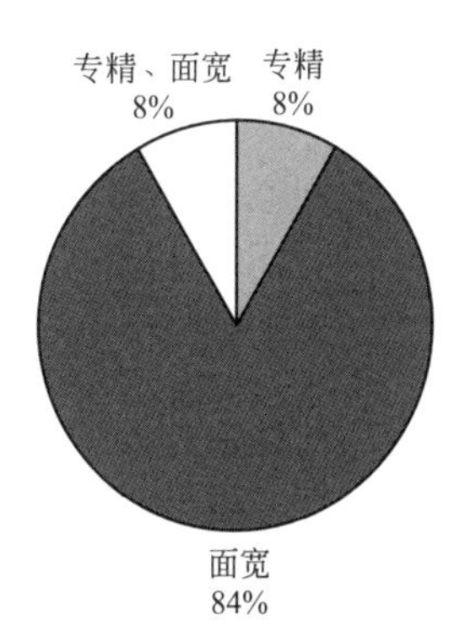

图16　北京及华中地区的知识面要求

3. 工作能力

工作能力包括的因素很多，如独立思考能力、解决问题能力、动手能力、对新知识的接受程度、对固有概念的认知和批判、是否具有明确的时间观念和责任心等等。简明扼要起见，以按部就班和创新思维两点进行概括，两个地区的调研结果如图 13，此图显示上海地区对这两项能力的要求分别是 77%和 82%，北京及华中地区是 78%和 75%，上海地区的总体要求虽然稍微高于北京及华中地区，但是差别并不大。

另外，在上海地区，对人才的创新思维能力要求要高于按部就班的能力。由于技术的不断进步，各行业都面临竞争和挑战，如果领导对下属的要求仅安于按部就班，那么该企业就不会有大的发展，目前的企业家都深知这一点，因此，创新成为对人才要求的一个亮点。但企业对创新人才的要求是“求实创新”，不是天马行空的恣意狂想，必须基于求实、务实，在求实的基础上改革、创新。

4. 综合能力

综合能力指人才的口头表达、团队合作和国际交流能力。在这几项的得分中可以看出，上海地区的要求要高于北京及华中地区。

两个地区对团队精神的要求都是最高的。这说明，在目前分工细致、多元合作的今天，团队合作是完成任务的重要保证。在设计中、施工中以及管理中，团队合作都很重要。也就是说，对于培养土木工程专业的人才，团队合作是最重要也是最基本的素质。有 1 份调查表在“其他能力要求”中写到：“专业知识必须扎实，团队精神、协作能力要强，还应顾全大局、求实创新。”其实，“团队精神、协作能力、顾全大局”指的就是“团队合作”。

在目前的培养计划中，已经开始有意识地培养学生的团队合作精神。在几乎是“独生子女”的大学生群体中，团队合作精神的培养尤为重要，也相当困难。现代学生较多地意识到自身的独特性和自主性，而较少地设身处地地考虑集体的利益和目标，所以“甘为人梯、顾全大局”的精神就显得尤为可贵。因此，在今后的培养目标方面，提高专业人才努力奋斗、团结合作将作为一个重要的目标。

五、不同性质企业对人才素质的要求

1. 设计类单位对专业人才素质要求的比较

如图 17 表示的是上海地区和北京及华中地区设计单位对毕业生素质的要求。

从图 17 中可知，在基础知识方面，北京及华中地区的设计单位对数学和力学的要求要高于上海地区，但是对于计算机能力和外语能力的需求却要低于上海地区。除此之外，上海地区对创新思维和国际交流能力的要求要高于北京及华中地区。

2. 管理类单位对专业人才素质要求的比较

图 18 是上海地区和北京及华中地区管理类单位对毕业生各项能力的要求。数据表明上海地区和北京及华中地区对基础知识和专业知识的要求相差不多，但对工作能力和综合

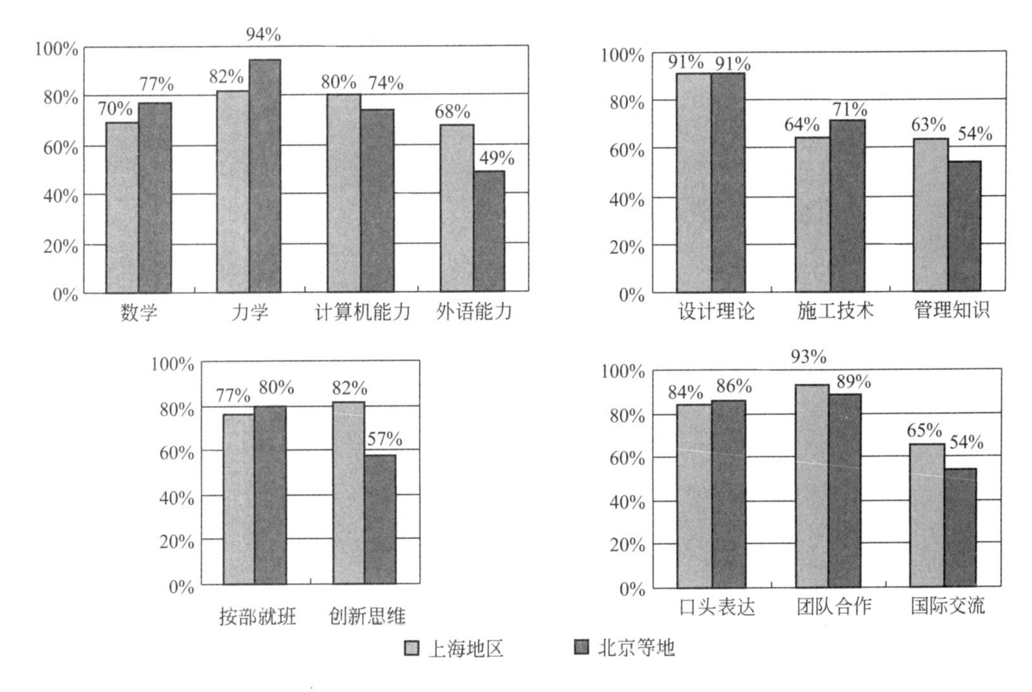

图 17　两个地区设计单位对专业人才素质要求的比较

能力的要求上海地区稍微高于北京及华中地区。

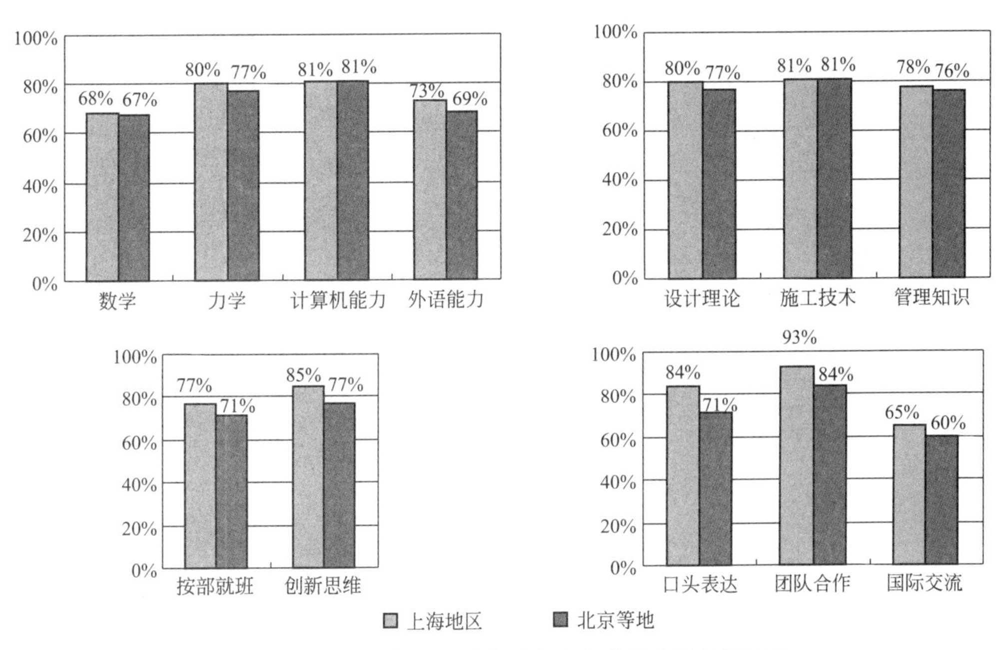

图 18　两个地区管理类单位对专业人才素质要求的比较

3. 施工单位对专业人才素质要求的比较

图 19 是上海地区和北京及华中地区管理类单位对毕业生各项能力的要求。

由于北京及华中地区来自施工单位的调查表仅 3 份，因此数据可能存在一定的偏颇，但从调查样本看，施工企业对毕业生的各种能力要求还是很高的。

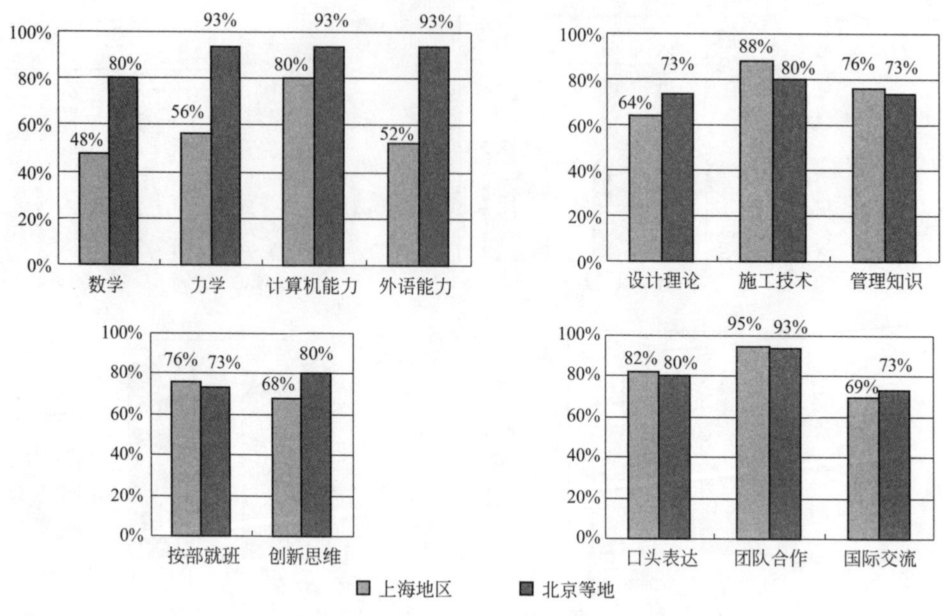

图 19　两个地区施工单位对专业人才素质要求的比较

六、不同规模企业对人才素质的要求

1. 两地大型国企对专业人才素质要求的比较

图 20 是上海地区和北京及华中地区大型国企对毕业生各项能力的要求。

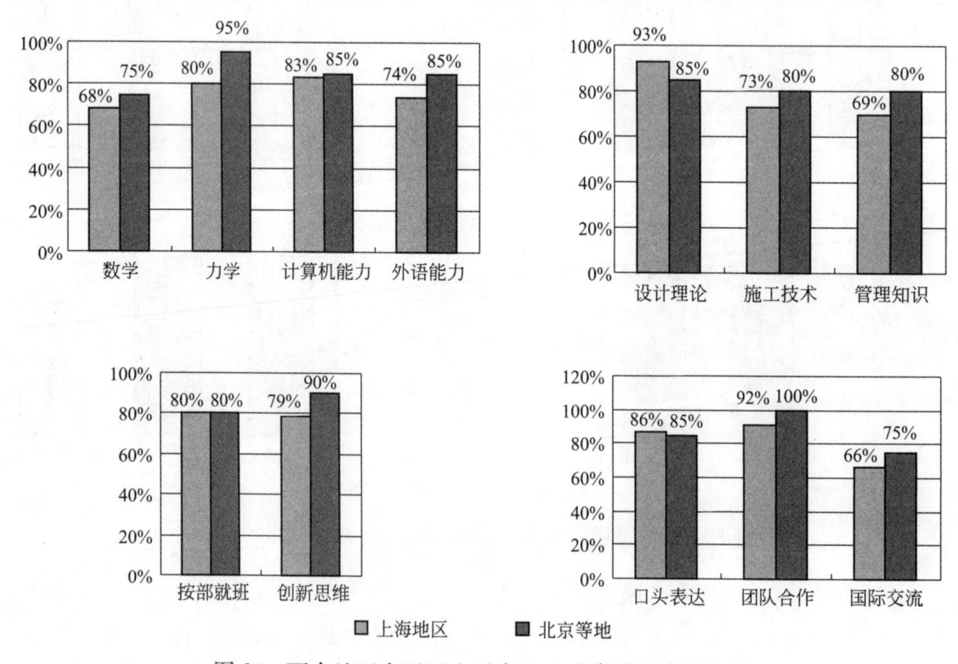

图 20　两个地区大型国企对专业人才素质要求的比较

2. 两地中小型企业对专业人才素质要求的比较

图 21 是上海地区和北京及华中地区中小型企业对毕业生各项能力的要求。

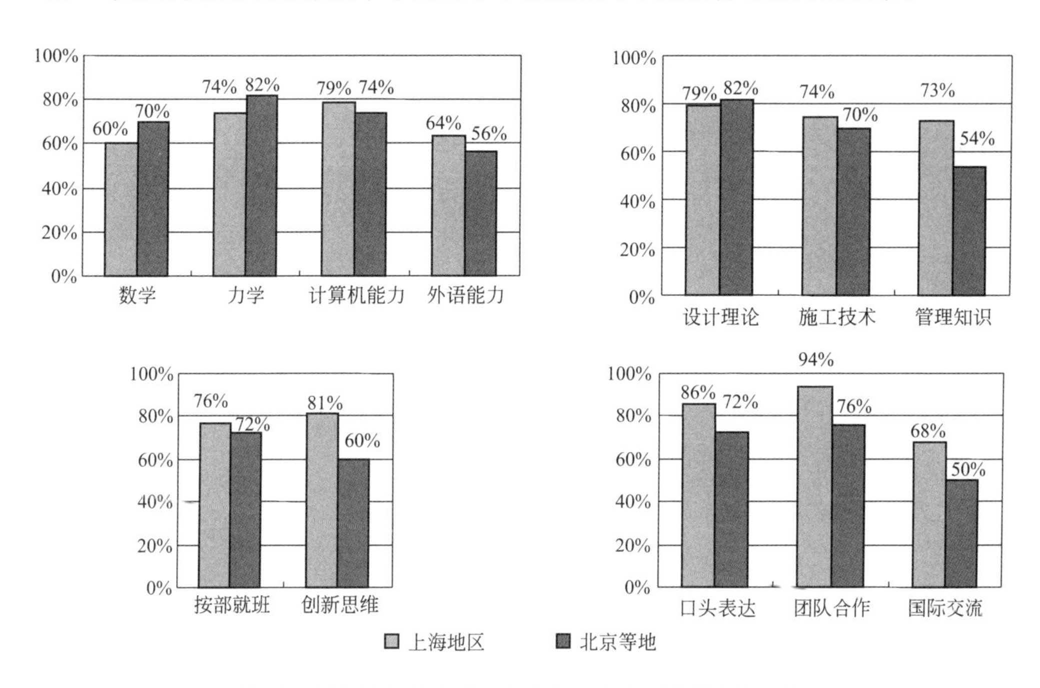

图 21　两个地区中小型企业对专业人才素质要求的比较

3. 不同规模企业对专业人才素质要求的比较

图 22 是不同规模企业对专业人才素质要求的对比。

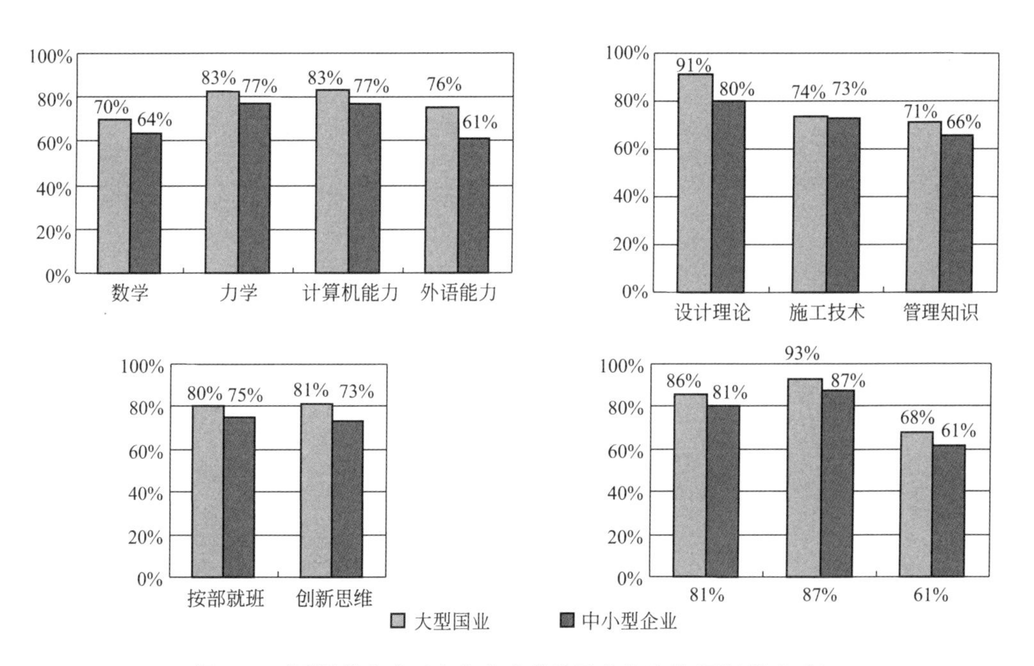

图 22　不同规模企业对专业人才素质要求的比较(两地综合后)

由此可见，大型国企与中小型企业相比，对人才的要求普遍较高，高出约2%～15%。

七、结论

上述调查、分析表明：各类用人单位对土木工程专业毕业生的基础知识、专业知识、工作能力和综合能力都有比较高的要求。相对而言，他们对学生的计算机综合应用能力、力学基础、团队合作精神、口头表达能力、创新能力等方面有着更迫切的需求。高校有必要通过研究寻找到提高学生这几方面能力的有效培养模式。

区分不同类型土木工程专业人才培养标准的必要性与初步设想

李国强(同济大学)

按照教育部高教司理工处2007年关于“高等学校理工科本科指导性专业规范研制要求”的文件要求，本届各教学指导委员会的一项重要任务是研制指导性专业规范，要求各教学指导委员会成立专门的课题组，在上届教学指导委员会研制指导性专业规范的工作基础之上，广泛调研，深入研究。

2007年来高等学校土木工程学科专业指导委员会在住房和城乡建设部软科学研究项目支持下，对“土木工程专业人才培养要求”从用人单位需求、我国高校办学现状、国外同类专业办学情况等几方面进行了调查研究。2008年本专业指导委员会对“应用型土木工程专业标准”和“高等教育土木工程专业不同类型专业人才培养目标”进行了专项研究。在上述调研分析基础上，提出“区分不同类型土木工程专业人才培养标准的必要性和初步设想”。

一、区分不同类型的必要性

1. 不同类型土木工程专业人才的社会需求

(1) 单位规模大小的差异

大型单位承接的工程往往规模大，较复杂，因而对专业人才要求知识面广，基础理论扎实。

小型单位承接的工程往往较简单，且专业性更强，因而对专业人才要求在某一专业方向上知识更系统，动手能力更强。

(2) 单位性质不同的差异

设计单位要根据工程功能要求完成工程设计，具有创造性，因而要求专业人才具有一定的创新能力。

施工单位要根据设计单位的设计实现工程的建造，要求专业人才具有更强的动手实践能力。

管理单位(如监理单位)主要负责工程建设的顺利进行，保证正规的设计、施工、材料和设备的采购等，因而要求专业人才知识面广，管理、沟通、协调能力强。

(3) 不同岗位的差异

同一单位有不同的专业人才岗位，如要求总工程师、主任工程师具有扎实的基础理论知识和广泛的专业知识，能处理复杂和系统的工程问题，而对于一般工程师，可只要求处理普通和单项的工程问题。

2. 不同类型学校的不同要求

(1) 研究型学校(985、211 学校)

——培养创新型人才

(2) 教学型学校

——培养实用型人才

目前 400 多所大学办有土木工程专业，其中研究型大学 65 所(985 或 211 学校)。

二、不同类型培养标准在培养目标上的区别

根据不同类型土木工程专业人才的社会需求确定两类土木工程专业人才培养目标(表 1)。

土木工程专业人才培养目标 **表 1**

目标要素	研究型	应用型
基础理论	扎实	良好
专业知识	宽厚	系统
实践能力	良好	强
创新意识与能力	一定创新能力	具有创新意识

1. 研究型

能胜任建筑、桥梁、隧道等各类土木工程设施的设计、施工、管理，具有扎实基础理论、宽厚专业知识和良好实践能力与一定创新能力的高级专门人才。

2. 应用型

能胜任建筑、桥梁、隧道等各类土木工程设施设计、施工、管理，具有良好基础理论和系统专业知识，实践能力强，并有创新意识的高级专门人才。

三、不同类型培养标准对知识要求的区别

可将土木工程专业人才的知识要求(表 2)分为以下几类：

土木工程专业人才知识要求 **表 2**

类　型		研究型	应用型
基础知识	通用基础	掌握	掌握
	核心基础	掌握	掌握
	拓展基础	选择掌握	不要求

续表

类　　型		研究型	应用型
专业基础知识	核心基础	掌握	掌握
	拓展基础	选择掌握	不要求
专业知识		面宽	系统、深入

1. 基础知识

又可将基础知识分为以下三类：

（1）通用基础知识：包括外语、计算机、法律、经济、管理等；

（2）核心基础知识：包括高等数学、物理、理论力学、材料力学、流体力学等；

（3）拓展基础知识：包括工程数学、化学、弹性力学等。

对于通用基础知识和核心基础知识，研究型人才和应用型人才均要求掌握；对于拓展基础知识，可只要求研究型人才选择掌握。

2. 专业基础知识

可将专业基础知识分为以下两类：

（1）核心专业基础知识：包括工程地质、岩土力学、结构力学、工程材料、工程测量、画法几何、结构基本原理等；

（2）拓展专业基础知识：包括结构动力学、结构稳定、有限元分析理论等。

对于核心专业基础知识，研究型人才和应用型人才均要求掌握，对于拓展专业基础知识，只要求研究型人才选择掌握。

3. 专业知识

专业知识涉及土木工程设施的设计与施工，要求研究型人才掌握的专业知识面宽一些，而要求应用型人才掌握的专业知识系统和深入一些，可按土木工程设施的不同类型（如建筑、桥梁、地下工程等），掌握设计与施工方面的专业知识。

四、不同类型培养标准对能力要求的区别

土木工程专业人才的能力要求有许多，重要的能力要求有以下两项：

（1）实践能力：指运用所学专业知识解决实际问题的能力；

（2）创新能力：指创造新知识、创造新技术的能力。

对于土木工程专业人才来说，实践能力是基本要求，无论是研究型人才还是应用型人才，均应具备实践能力，而对应用型人才来说，实践能力要求应更高。而创新性能力是建立在相关知识与实践能力基础之上的更高要求，对应用型人才可只培养其意识，对研究型人才，应培养其能力。

土木工程专业人才的实践能力和创新能力可通过实验、实习、课程设计、毕业设计、参与科研、自主研究等方式培养，表3为不同类型人才在能力培养方式上的差异。

土木工程专业人才能力培养方式 表3

培养方式	研究型	应用型
基础实验(金工、计算机、物理、力学等)	学时数可少	学时数可多
专业实验(设计、施工等)	综合性、设计性	操作性
专业实习	面广	深入
毕业设计	面广、综合性	深入、操作性
自由研究、参与科研	有要求	不作要求

五、不同类型培养标准对办学条件要求的区别

1. 师资队伍

培养研究型人才的教师应具有较强科研能力，教师队伍整体学历层次(博士学位教师比例)应高些；而培养应用型人才的教师应具有较好的工程实践背景与经历，教师队伍整体博士学位比例可低些。

2. 实验条件

培养研究型人才的学校除应具有良好教学实验条件外，还应具有良好科研实验条件，实验室应更加开放；培养应用型人才的学校应具有更好的教学实验条件，保证每位学生都具有足够的实验操作时间。

3. 图书资料

培养研究型和应用型人才的学校均应具有足够的基础理论与专业参考书。

高校土木工程专业指导委员会规划推荐教材（经典精品系列教材）
“十二五”普通高等教育本科国家级规划教材

征订号	书名	作者	定价
V18285	土木工程概论	沈祖炎	18.00
V19590	土木工程概论（第二版）	丁大钧　等	42.00
V13494	房屋建筑学（第四版）（含光盘）	同济大学　西安建筑科技大学　东南大学　重庆大学	49.00
V22301	土木工程制图（第四版）（含教学资源光盘）	卢传贤　等	58.00
V22302	土木工程制图习题集（第四版）	卢传贤　等	20.00
V20495	土木工程材料（第二版）	湖南大学　天津大学　同济大学　东南大学	38.00
V20317	建筑结构试验	易伟建　张望喜	27.00
V20319	流体力学（第二版）	刘鹤年	30.00
V19566	土力学（第三版）	东南大学　浙江大学　湖南大学　苏州科技学院	36.00
V24832	基础工程（第三版）（附课件）	华南理工大学	48.00
V20095	工程地质学（第二版）	石振明　等	33.00
V20935	工程结构荷载与可靠度设计原理（第三版）	李国强　等	27.00
V21506	混凝土结构（上册）——混凝土结构设计原理（第五版）（含光盘）	东南大学　天津大学　同济大学	48.00
V22466	混凝土结构（中册）——混凝土结构与砌体结构设计（第五版）	东南大学　同济大学　天津大学	56.00
V22023	混凝土结构（下册）——混凝土桥梁设计（第五版）	东南大学　同济大学　天津大学	49.00
V11404	混凝土结构及砌体结构（上）	滕智明　等	42.00
V11439	混凝土结构及砌体结构（下）	罗福午　等	39.00
V25093	混凝土及砌体结构（上册）（第二版）	哈尔滨工业大学大连理工大学等	45.00
V26027	混凝土及砌体结构（下册）（第二版）	哈尔滨工业大学大连理工大学　等	29.00
V22020	混凝土结构基本原理（第二版）	张誉　等	48.00
V25362	钢结构（上册）—钢结构基础（第三版）（含光盘）	陈绍蕃	52.00
V25363	钢结构（下册）——房屋建筑钢结构设计（第三版）	陈绍蕃	32.00

高校土木工程专业指导委员会规划推荐教材（经典精品系列教材）
“十二五”普通高等教育本科国家级规划教材

征订号	书名	作者	定价
V20960	钢结构基本原理（第二版）	沈祖炎　等	39.00
V16338	房屋钢结构设计	沈祖炎　陈以一　陈扬骥	55.00
V20764	钢—混凝土组合结构	聂建国　等	33.00
V23453	砌体结构（第三版）	东南大学　同济大学　郑州大学　合编	32.00
V25576	建筑结构抗震设计（第四版）（附精品课程网址）	李国强　等	34.00
V19477	工程结构抗震设计（第二版）	李爱群　等	28.00
V16537	土木工程施工（上册）（第二版）	重庆大学　同济大学　哈尔滨工业大学	46.00
V16538	土木工程施工（下册）（第二版）	重庆大学　同济大学　哈尔滨工业大学	47.00
V22601	高层建筑结构设计（第二版）	钱稼茹	45.00
V20313	建筑工程事故分析与处理（第三版）	江见鲸　等	44.00
V21003	地基处理	龚晓南	22.00
V19939	地下建筑结构（第二版）（赠送课件）	朱合华　等	45.00
V13522	特种基础工程	谢新宇　俞建霖	19.00
V21718	岩石力学（第二版）	张永兴　许明	29.00
V20961	岩土工程勘察	王奎华	34.00
V16543	岩土工程测试与监测技术	宰金珉	29.00
V24535	路基工程（第二版）	刘建坤　曾巧玲	38.00
V20916	水文学	雒文生	25.00
V19359	桥梁工程（第二版）	房贞政	39.00
V12972	桥梁施工（含光盘）	许克宾	37.00
V21757	爆破工程	东兆星　等	26.00
V20915	轨道工程	陈秀方	36.00

高等学校土木工程学科专业指导委员会规划教材（专业基础课）
(按高等学校土木工程本科指导性专业规范编写)
普通高等教育土建学科专业“十二五”规划教材

征订号	书名	作者	定价
V20707	土木工程概论（赠送课件）	周新刚	23. 00
V22994	土木工程制图（含习题集、赠送课件）	何培斌	68. 00
V20628	土木工程测量（赠送课件）	王国辉	45. 00
V21517	土木工程材料（赠送课件）	白宪臣	36. 00
V20689	土木工程试验（含光盘）	宋彧	32. 00
V19954	理论力学（含光盘）	韦林	45. 00
V20630	材料力学（赠送课件）	曲淑英	35. 00
V21529	结构力学（赠送课件）	祁皑	45. 00
V20619	流体力学（赠送课件）	张维佳	28. 00
V23002	土力学（赠送课件）	王成华	39. 00
V22611	基础工程（赠送课件）	张四平	45. 00
V22992	工程地质（赠送课件）	王桂林	35. 00
V22183	工程荷载与可靠度设计原理（赠送课件）	白国良	28. 00
V23001	混凝土结构基本原理（赠送课件）	朱彦鹏	45. 00
V20828	钢结构基本原理（赠送课件）	何若全	40. 00
V20827	土木工程施工技术（赠送课件）	李慧民	35. 00
V20666	土木工程施工组织（赠送课件）	赵平	25. 00
V20813	建设工程项目管理（赠送课件）	臧秀平	36. 00
V21249	建设工程法规（赠送课件）	李永福	36. 00
V20814	建设工程经济（赠送课件）	刘亚臣	30. 00

高等学校土木工程学科专业指导委员会规划教材（专业课）
(按高等学校土木工程本科指导性专业规范编写)

专业方向	书名	作者
建筑工程	房屋建筑学	高辉
	混凝土结构设计	金伟良
	钢结构设计	于安林
	砌体结构	杨伟军
	高层建筑结构设计	李国强
	建筑工程施工	李建峰
	建筑工程造价	徐蓉
	建筑结构抗震设计	李宏男
道路与桥梁工程	桥涵水文	李诚
	道路勘测设计	桂岚
	路基路面工程	黄晓明
	桥梁工程	李传习
	桥梁抗震、抗风设计	徐秀丽
	道路桥梁工程施工技术	陈德伟
	道路桥梁工程概预算	刘伟军
地下工程	岩石力学	刘泉声
	地下结构设计	许明
	隧道工程	罗晓辉
	边坡工程	沈明荣
	通风安全与照明	何川
	地下工程施工技术	许建聪
	岩土工程测试技术	陈昌富
铁道工程	线路设计	易思蓉
	轨道工程	高亮
	路基工程	刘建坤　岳祖润
	桥梁工程	丁南宏
	隧道工程	宋玉香
	铁路车站	魏庆朝
	道路与铁道工程施工及测试技术	王连俊